Handmade Soap

天使妈妈的
创意幸福手工皂

天使妈妈 著

河南科学技术出版社
· 郑州 ·

序

在翻开书之前，我要先感性一下，从小我身体里就住着一个手作魂，我的手上总是有纸张或是黏土等正在进行创作，不管制作过程如何、成品好坏，每件作品的诞生都能让我非常满足且一再回味手作的乐趣。

因家里做生意的关系，我需要经常接触人群，小时候妈妈总在客人面前夸赞我的创作能力。或许因此，让我更有十足信心继续去寻找创意的新动力。

因为有爱，才有手工皂的诞生

接触手工皂是因孩子的皮肤问题而开始的，从简单的油脂调配到玩出兴趣来，加上喜欢种花草的父亲支持，分享他种的花草与其他作物，像书里姜浸泡油中的姜、紫苏、芦荟等，总能让我满心欢喜地投入研究并期待手工皂的成熟。除了家人的支持与帮助外，我的学生们也是我的动力，陪着我一起在这个皂圈继续努力成长。

我喜欢大家叫我天使妈妈。一直很喜欢 Angel 这个英文名字，有了孩子后开始记录生活点滴与分享制作手工皂的快乐心情，这个温馨的昵称就被顺势启用了。当然，你也可以直接叫我天使。光听到这个名字，是不是有种光环罩在我身的感觉呢？

因为爱，我投身手工皂的研发，就像这本书，从素皂、渲染到造型蛋糕皂、花艺皂，记录我学皂一步一脚印的过程。这一路走来，家人的确是鼓励我前进的最深层力量。现在，有了自己的工作室后，我依然沉浸在当年被鼓舞的心情中，并且多了学生们的热情支持。

感谢每一个支持并给予我帮助的家人与朋友，现在请跟着我，加入爱家行列，一起做手工皂吧！

目 录

CONTENTS

手工皂的四大好处，
美颜又健康

用过手工皂的朋友，一定会喜欢上那种细密的泡沫以及柔润的洗感，其好处在于绝不会因过度清洁而使肌肤干涩，或是因过度滋润而感到黏腻。还能针对个人的需求，利用油脂特性调配出适合全家肤质的有清洁作用的皂，享受"创皂"的乐趣，这些可是一贯用机器生产的市售香皂所无法比拟的。

手工皂不难做，难是难在了解油脂的特性与配方之间的相互关系，以及需要花时间去等待皂的成熟，这在一切讲求快速的生活中，是需要我们付出耐心去等待并克服的困难。

然而，一块不含防腐剂和其他人工化学成分的手工皂，的确是能让肌肤恢复健康，同时也能友善地对待我们的生活环境与自然生态。这样看来，自己动手做手工皂，可是有很多好处的，以下我们简单归纳了四大好处：

好处 1

成分天然，保护生态环境

手工皂具有清洁能力，主要是因其含有天然表面活性剂，能将油和水同时清洁干净。而一般市售的清洁用品，为了让洗感更好、泡沫更多、味道更宜人，不得不逐一添加可以让产品看起来好看的添加剂，或能产生很多泡沫的发泡剂等，好迎合市场需求。

这些添加物，或许来自天然萃取，但也很可能含有无法被分解的石化产品，再经由洗涤残留在肌肤上，也流入河川中，日积月累，慢慢伤害我们的肌肤，并破坏环境。

手工皂的制作过程中，挑选油脂、精油、添加物都讲求成分天然，一旦基本素材选好了，就不用担心化学成分残留，遇水能自然中和分解。不污染水源，负担变少了，便不易造成环境污染。这也是近年来，我致力于推广手工皂的原因吧！

好处 2

低温制皂，感受保湿的滋润洗感

手工皂的制作虽有"冷制法""热制法"两种，但在家制造的大部分以"冷制法"为主，主要是可以保存原料中的养分，如加入乳制品或浸泡油制作的手工皂，就能让人体验到乳制品带来的滋润感、质感和浸泡油的特质，不干不涩，洗完不会痒，有滑顺的感觉，更让肌肤恢复光泽与健康。

手工皂的魅力要洗了才知道，虽然有人声称它具有疗效有点夸大其词，但只要了解油脂的特性与配方的特点，就能针对各种不同的肤质作调配，像是椰子油少一点，橄榄油多一点，再加点抹草、芙蓉粉制成"古早味平安皂"，洗起来很安心；羊乳的滋养、豆浆的滑润，对于调理肌肤也相当有助益。

就算不添加任何额外的添加物，照样能享受手工皂的滋养。来吧，试着戴起手套调制一个适合全家人肌肤的配方和充满幸福感的手工皂吧！

好处 3

天然、无毒的亲肤皂，最佳伴手礼

在动手制皂的过程中，要挑选油脂，计算配方，再调节温度慢慢搅打，最后入模、保温、脱模、晾皂，以时间守护，耐心等待着，终于可以将每块皂封装起来啦。虽是日常，但期间所付出的耐心和爱心成就健康又天然的每一块皂，有无法衡量的满满心意，希望收到的人能报以"好用"的回应，自家人会追着你问，下次晾皂是什么时候？这样地肯定，也满足了每个手作人的心。

好处 4

享受搅皂的魔法 DIY 乐趣

手工皂最大的乐趣，是在自制的过程中，享受油脂之间的调配比例与所加香味在融合时多一滴则太香，少一滴则乏味的神奇魔法。凭感觉，慢慢累积经验，调配出自己最爱的完美洗感。

除了素皂外，经由色彩与液态的流动所创造出来技法与变化，更是一大乐趣。像是线条的变化、层次的堆叠，还能创作出不同的拟真的造型，哪怕不能吃也要满足视觉的甜点皂，轻易征服每个人的心的挤花皂，就如一场场华丽的演出。

这样有趣多变的手工皂，难怪一跌入皂圈，就再也出不来了，这就是具有魔法般的 DIY "制皂"乐趣。想要做简单的素皂，还是玩玩炫技的拉花渲染皂，或者想挑战高难度的挤花皂或是点心蛋糕皂？

现在，就等你一起，来搅一锅充满"洗"感的手工皂啰！

Part 1

动手制皂前的准备工作

了解制皂三大要素

手工制皂，主要是通过油脂与碱水的混合而形成皂化反应，经固化、成熟的程序后，产生对肌肤温和，具有锁水功能的甘油和具有清洁功能的皂。

制皂的必备三大要素就是：

油脂 ＋ 氢氧化钠（＋液体溶解） ＝ 皂 ＋ 甘油

（皂化反应）

第一要素 : 氢氧化钠 (NaOH)

氢氧化钠，又称苛性钠、烧碱，呈白色薄片状或颗粒状，属于强碱，腐蚀性很强。遇水会释放出大量的热气及刺鼻的味道。因此，操作时请务必戴上口罩，场地必须通风，溶碱的容器最好不要使用玻璃容器，选择能耐酸、碱的容器较为安全。

第二要素 : 水（液体）

水是帮助油脂与碱完全结合的媒介，制皂时的水量通常为配方中碱量的 2~3 倍，并且要以纯净水或过滤水为主。倘若水的硬度过高或含有矿物质时，很容易使皂氧化，产生质变。

当然，也有许多人喜欢以蔬果汁、花茶、咖啡、牛奶、羊奶、母乳等液体来替代水，或一半水、一半其他液体混合使用，全依自己的需求来作调配！

★小提醒 : 水量的多寡会影响到晾皂时间的长短与成皂的软硬度。

第三要素 : 油脂

油脂是手工皂最重要的主角，也是决定手工皂特性的关键。一般油脂主要分成天然植物油与动物油两类，在常温下呈液体状称为油，若呈半固态或固态状称为脂。

每种油脂虽都有其特质，但以环保及天然为出发点的手工皂，在制作上还是以天然植物油为主。如起泡度与清洁力很好的椰子油，搭配可增加硬度的棕榈油，或具有强保湿力的橄榄油、乳木果油等，只要掌握好基本的配方组合，再以自己需求调配比例，就能制作适合不同肤质又好用的皂了。

准备制皂工具

动手制皂，先不用急着买一堆容器和工具。不妨查看一下家中有哪些多出来的器皿和工具。例如不用的锅、打蛋器、牛奶纸盒等，利用随手可取的器物试试，等玩出兴趣来了，再依自己所需逐一添购，慢慢入坑，体会玩皂的乐趣。

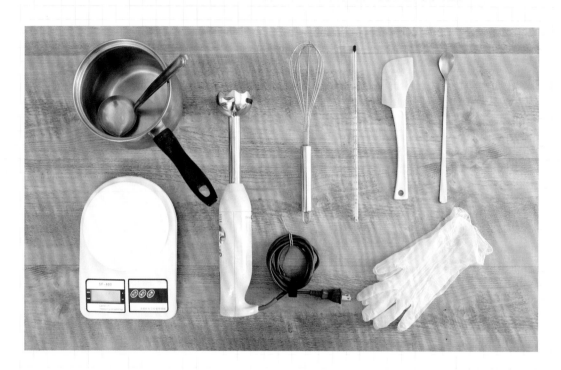

1. 测量工具

A. 304 不锈钢锅：

　　制作手工皂时，会使用强碱来混合植物油，若以一般材质的锅具，如铝、铁等，会与碱产生化学反应，影响皂的品质，而玻璃容器则容易破裂。因此，不锈钢材质的锅最合适了，而且建议使用食品级的不锈钢锅。尽量准备一个约可容纳 1000 mL 皂液的深锅，其底部最好没有死角或花纹，这样才能在打皂时均匀地打到每一个角落，并避免搅拌时皂液溅出来。

　　接着可再准备一个能用来溶碱的不锈钢杯（可附盖子），作量杯用，亦可用于调和碱液，盖上盖子可避免吸入溶碱所产生的气味，且防止搅拌时碱液溅出。

B. 量杯：

　　一般建议准备 1~2 个量杯，PP（聚丙烯）材质，容量 500 mL 左右，耐酸碱与高温。其杯身上最好有容量刻度，可用来测量水量与添加为皂液调色的材料或精油、药草等其他原料。

C. 电子秤：

用来称量原料，精度值应在 1 g 以内。精准的测量是制皂的关键，若在制作的过程中，调配的分量与应有比例相差太大，可是会大大影响到制皂效果的。

2. 搅拌工具

A. 打蛋器：

打皂时，混合油与碱的搅拌是一个非常重要的步骤。一般搅拌工具可分为"手动""电动"两种，手动搅拌器的大小及形状皆可依个人使用习惯挑选，在材质上也以耐酸碱的不锈钢为主。电动搅拌器会省去长时间的搅拌，不过，却容易在使用时不小心使皂液四处飞溅，也容易因打入过多空气和加快皂化的速度而影响皂的品质。所以，建议初学者先以手动为主，电动为辅，自己体验看看，享受打皂的乐趣。

B. 长柄汤匙：

调和碱水与搅拌添加物时使用，最好能准备两个以上的不锈钢汤匙。一个在溶碱与降温时使用，不用取出来；另一个可用来调和油脂及搅拌其他辅助材料等，不要混用。

C. 温度计：

一支够用，两支最好。主要可用于量油温与碱液的温度。挑选 0~150 ℃的温度计就可以了。

D. 刮刀：

可用烘焙用的橡皮刮刀。通常用来将锅里剩下的皂液刮干净，或在渲染时作拉花与分层的辅助工具。

3. 穿戴保护用具：

A. 塑胶手套：

能保护双手在打皂的过程中不直接接触具有强碱性的皂液。若不小心被碱液或尚未完全皂化的皂液沾到皮肤时，会产生刺痛感，得尽快冲水，将其洗掉。关于手套的材质，可选用医疗等级的塑胶手套，这种较为服帖，一般常用的家用手套也可以，就是别选那种没有弹性的手套或者棉布手套。

B. 口罩：

氢氧化钠和水混合时会产生难闻的气味，所以必须在通风处操作；而戴上口罩能减轻这种气味带来的不舒适感。另外，护目镜就看个人需不需要了！

C. 围裙：

围裙可保护衣服不被弄脏及不被碱液破坏。

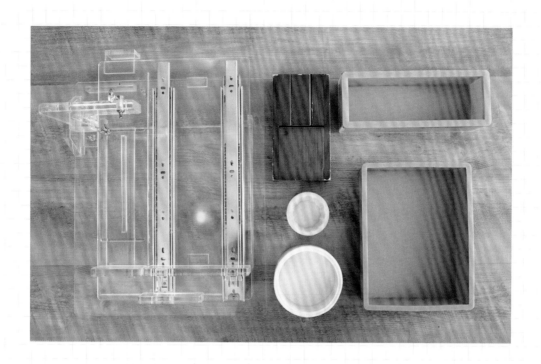

4. 定型、切皂工具

A. 皂模:

市售的硅胶皂模种类繁多,可用选择合适的皂模来决定皂的成品以何种风貌呈现。需提醒的是,皂模的材质多种多样,质量良莠不齐,购买时要特别注意。家里的牛奶纸盒、布丁盒、密封盒也可以作皂模。

初学者不妨先买一个硅胶吐司模作为盛装之用,用于素皂或是渲染皂都很适合,重点是容易脱模。省时又省力。

B. 保温箱:

在皂化过程中,用来为皂保温及使皂化继续进行。一般保丽龙箱加毛巾为基本配备,保温袋也可以拿来使用。

C. 切皂工具:

切皂时使用,一般的家用刀,包括切蔬果的波浪刀、切面团的专用刀都可以。但专用的切皂工具,能制作不同规格尺寸的皂,就看个人的需求了。

5. 其他工具

pH 试纸:

用来测量手工皂成熟后的酸碱值,一般手工皂正常的 pH 值范围为 7~9,超过 9 就会伤害我们娇嫩的肌肤,就不要使用了。

修皂器:

想要制作一块大小适中,且呈现出漂亮花纹的皂,那修皂器就是必需的。若是走的自然派路线,修皂器就可以先不用急着买。

加热炉:

有些硬油必须先加热才能从固态变成液态。当配方中所有材料都称量好之后,若有固态油脂则必须先将其加热至液态之后才能打皂。

【天使妈妈小提醒】

制皂所用的碱液是具有危险性的强碱。所以制皂的工具最好和家中用于食品的工具分开存放,这样就不用担心碱液残留的问题了。

一看就会的 基础制皂流程与技巧

制皂不难，只要掌握好流程与技巧，不慌不忙地搅皂与入模，再用时间换取皂化的转变，脱模后切皂、晾皂，就可用满室的芳香治愈心情。这个简单的基础流程只包括 7 个贴心小步骤，轻轻松松就能做出质地细滑的好皂！

基础流程 1

做好防护措施

称量好氢氧化钠。溶解氢氧化钠时，会产生刺鼻的气味，手套、口罩、围裙再加上护目镜和报纸，就能全面做好防护措施。

基础流程 2

称量油脂、氢氧化钠、水

根据配方，将油脂、氢氧化钠、水称量好。建议以不锈钢容器盛装。称量油脂最好以固态油为先，可用隔水加热法慢慢让油熔解后再加入液态冷油，这样可控制油温，同时不会让液态冷油的营养流失。

基础流程 3

溶解氢氧化钠

溶解氢氧化钠，**到底是将水倒入氢氧化钠，还是将氢氧化钠倒入水中**？其实这两种做法都各有拥护者，就看自己习惯哪种操作。只是不管选用哪种方法制作碱水，动作都不可幅度太大、太急。

水碱一旦混合，碱液温度会急速上升至80~90 ℃，并产生刺鼻气味，因此一定要保持距离，充分搅拌，以免氢氧化钠凝结成硬块，使碱水从乳白色变成透明的水

状。直到碱液降至40~50 ℃即可。

若碱液静置一段时间，表面会产生白色粉状薄膜，将其倒入油脂前可先搅拌使粉化开，若粉量多也不好溶解，也可直接将其过滤掉。

基础流程 4

调和油脂与碱液

当油和碱水的温度都下降到40~45 ℃时，就可以将碱水慢慢加入油脂里，并开始搅拌。前15分钟需不停地搅拌，15分钟后，可每10分钟搅一会儿，直到皂液变得愈来愈浓稠。

基础流程 5

将皂液搅拌至浓稠状态，添加香氛材料

需要不断地搅拌皂液，让碱液和油脂充分混合。搅拌的时间很难控制，尤其是软油比例偏高的皂液，如马赛橄榄皂，就是一场耐力的考验。累了可以稍做休息。要想获得一块质地细腻、耐放、不易变质的手工皂，搅拌的动作绝对是关键，要搅到皂液不泛油光。

当皂液搅拌至浓稠状，我们称之为 trace（划痕）状态，此时可以添加精油、粉类等添加物，之后再拌匀。当皂液逐渐变浓稠时，就要留意搅拌的痕迹。

接着改用硅胶刮刀将锅边残留的皂液刮下来，并将速度放慢且要将锅内的油由下往上充分混合。由于搅拌时会将空气打入皂液中，改用刮刀来搅拌会让气泡逐渐变少，成皂时会减少小气泡。

当皂液变为浓稠的美乃滋（蛋黄沙拉酱）状且搅拌痕迹不易散开时，就可以用刮刀将皂液全部入模保存了。

基础流程 6

入模保温，晾皂，待成熟

快速将皂液倒入皂模，并使用刮刀将锅刮干净，入模后要将皂模敲一敲，好让多余的空气排出，并使皂液表面平整。这个时
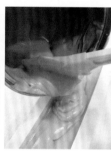
候的皂液仍在持续皂化中，所以放入保温箱保温 24 小时，通过保温措施使皂化反应继续进行。若天气较冷，不妨多放一天再取出脱模。

基础流程 7

脱模，切皂

从皂模中取出皂，要切要晾，就在此时，然后将皂晾在干燥、没有日照的地方，静置，成熟期为 4~6 周。

天使妈妈的小教室

● **Light Trace** 是轻度浓稠状态，看起来像玉米浓汤。

● **Trace** 是刚好的浓稠状态，看起来像是美乃滋。

● **Over Trace** 是过度浓稠状态，看起来像是马铃薯泥。

如果要使用直立式搅拌器，建议前 15 分钟打皂还是手动搅拌，之后视状况决定是否使用电动搅拌器，因为有些配方其实 trace 速度很快，不需要用电动搅拌器就可以完成，有时使用电动搅拌器会使温度上升、皂化反应剧烈，皂液很快变浓稠，不好入模。

Trace 所需要的时间会因为油脂的特性而不同。一般来说，需要 40 分钟至 1 小时，如果过了很久还不 trace，而且皂液也渐渐冷却了，可以隔水加热一下再继续搅拌，或者在这时使用直立式搅拌器搅拌一下，让皂液快点 trace。

【天使妈妈小提醒】

制作碱液的注意事项：

1. 要做好保护措施，手套、围裙、口罩或护目镜等准备好。

2. 制皂时，最好铺上旧报纸或大塑料袋，避免皂液溅出。

3. 万一不小心溅到眼睛或误食，请灌大量冷水后马上送医急救。

4. 要在通风的地方操作，避免宠物或小孩接近，并将碱标示为危险物品，放在安全的地方。

5. 千万别使用材质为铝、铁、铜等容易被腐蚀的容器盛装碱液。

6. 保持室内空气流通，或在厨房抽油烟机底下混合水与碱，直到不再冒烟再将抽油烟机关掉。每次制作手工皂时都要注意这些事项，千万别大意。

调出自己最爱的专属配方

自制手工皂的好处在一开始就提到了，其中最吸引人的就是可依自己的肤质、自己喜爱的触感及香味去调配自己的专属皂。这些关乎我们所选油脂的种类，油脂不同，皂所呈现出的质地也会不同，所以学会自己算比例是很重要的！这可是独一无二，外面市场买不到的呢！

我们都知道**皂是由"油 + 碱 + 水"**所产生的。而每一种油脂都有不同的皂化价与软硬度，需要自己算出平衡点。一般市售的马赛皂，其配方以高比例的软油为主，以至于皂一遇水就会软滑。而百分百的家事皂，其硬度可是会颠覆你对手工皂的印象。而如何调配出软硬适中的手工皂，就需要自己动手算算啰！

做皂的第一步，先计算配方比

虽然网络上的计算方式很方便，但自己学会计算才能应付突发状况。此次先设定手工皂的分量，再选定油脂，然后做计算，备好纸笔和计算器。

例如：假设此次制作的油脂总量为 1000 g

油脂的百分比计算方式

油脂总量 × 油脂所占比例 = 该油的重量

椰子油 18% → 1000 g × 0.18 = 180 g

棕榈油 22% → 1000 g × 0.22 = 220 g

橄榄油 60% → 1000 g × 0.6 = 600 g

碱量的计算方式

单一油脂的重量 × 该油脂的皂化价，依次相加（即 A 油重 × A 油的皂化价 + B 油重 × B 油的皂化价 + C 油重 × C 油的皂化价……以此类推）= 所需碱量。以总油量 1000 g 的配方来算，分别使用 180 g 椰子油、220 g 棕榈油及 600 g 橄榄油，则该配方中氢氧化钠用量如下：

600 g 橄榄油 ×0.134（橄榄油皂化价）+ 180 g 椰子油 ×0.183(椰子油皂化价) + 220 g 棕榈油 ×0.141（棕榈油皂化价）

碱量 = 80.4 + 32.94 + 31.02 = 144.36 ≈ 144 (g)

水量的计算方式

算出油量和碱量之后就可以来算出水量了，一般来说，水量是碱量的 2.3~2.5 倍。

以刚刚算出的碱量 144 g×2.4= 345.6 g 即为总水量（约取 345 g）

要制作一块软硬适中的皂，就要从软硬油的比例下手去调整，按公式算一算自己的配方是不是在理想的软硬度内。INS 值越低，皂就越软（120~170），有些手工皂洗起来虽然滋润却容易遇水变软烂，但像家事手工皂，因含硬油比例较高，所以皂体硬度高不易软烂，当然想要滋润多一点，软油的比例就要高一些。建议在使用手工皂时，将皂放在沥水性良好的皂架上，可延长皂的使用期！

硬度（INS 值）的计算方式

硬度（INS 值）=（A 油重 / 总油重）× A 油的 INS 值 +（B 油重 / 总油重）× B 油的 INS 值 +（C 油重 / 总油重）× C 油的 INS……以此类推）

（600 g/1000 g）×109 +（180 g/1000 g）×258 +（220 g/1000 g）×145 = 65.4 + 46.44 + 31.9 = 143.74

不错，这块含有 60% 橄榄油的手工皂，其硬度很好，不会软烂。将配方计算好，接下来就可以依个人喜好添加精油、有色矿泥粉或花草等添加物了。一起来玩皂啰。

挑选油脂，
调制好用的手工皂

制作手工皂，最重要的就是油脂。基本上只要有椰子油、棕榈油、橄榄油这 3
种油，就能搅打出一款好用的手工皂。不过，为满足每个人不同的需求，配
方中油脂的比例和添加物种类也会不同，以适应各种肤质。

想要清洁力强一点、泡沫多一点、保湿力高一些，或是滋润性强一些，那就
得先了解油脂的特性。这也是制皂好玩的地方，依自己的需求作调配，最后
再通过洗感找出属于全家人的最佳黄金配方！

◀ 油脂特性与用量（制作厚实、不易变形、洗感温和的皂）▶

油脂名称	参考特性	建议用量
椰子油 Coconut Oil 	硬油，富含饱和脂肪酸，无色无臭，渗透性高，氧化速度慢，能长期保存，于20℃以下会呈固态，可隔水稍微加热使之熔化。 能做出清洁力强、泡沫多、颜色白且质地硬的皂。只是洗起来会有干涩感，所以比例不宜过高。	0~10% 干性肤质 10%~20% 中性肤质／干性发质 20%~30% 油性肤质／干性发质 30%~40% 中性发质 40%~50% 油性发质 50% 以上 用于家事皂
棕榈油 Palm Oil 	又称为精制棕榈油，是由棕榈果实中取得的植物脂肪油，富含棕榈酸及油酸。因此油质稳定，不易氧化变质，保湿性不差，可做出温和坚硬又厚实的皂。 缺点是成皂的起泡力不强。常与椰子油搭配使用。同样属于硬油，会呈现出固态，可隔水稍微加热使之熔化。	10%~40% 比例越高，皂越厚实 10%~20% 为夏天建议用量，因为用偏冷的水洗澡时，该油比例高会有包覆感。洗热水澡时无此困扰。
红棕榈油 Red Palm Oil 	直接以鲜红棕榈果肉压榨而出的未精制油，除了具有棕榈油的特性外，还含高含量的 β－胡萝卜素，所以会呈红棕色，也是天然的调色剂，用其制作出的手工皂呈亮橘色，加上该油本身含有大量可抗氧化的维生素 E，对修复伤口或粗糙的肌肤有很大效用。	用法同棕榈油。 不易溶于水，因此做出来的皂硬度较高，且不易变形。
棕榈仁油 Palm Kernel Oil 	从棕榈果仁中提取而出的油脂，大多为白色或淡黄色油状液体，其特性与椰子油相似，同属月桂酸类油脂，但它的油酸和亚油酸含量比椰子油高，其脂肪酸的碘价和凝固点亦较椰子油高，可增加肥皂的泡沫量及溶解度，作用也比椰子油温和与滋润。该油同时具有椰子油和棕榈油的优点，营养成分较棕榈油高许多，且避免椰子油对肌肤的强力清洁，但却能保有手工皂的坚硬度。	0~10% 干性肤质 10%~20% 中性肤质 20%~30% 油性肤质
植物起酥油 Vegetable Shortening 	以大豆等植物提炼而成，呈固体奶油状，可以制作出泡沫稳定、硬度高，且厚实又温和的手工皂。一般可在烘焙用品店购买。	建议用量 10%~20%
可可脂 Cocoa Butter 	在制作巧克力和可可粉的过程中自可可豆中抽取出的天然食用油，带有一股香香的巧克力味道，在常温下为颜色略呈浅黄色的固体油脂。可增加手工皂的硬度及耐洗度，对皮肤的覆盖性良好，具有较高的滋润与保湿功效，还能代谢老化角质，使皮肤柔软、恢复弹性，是制作冬天使用的保湿皂所不可或缺的油脂。	建议用量 10%~20% 如果对巧克力过敏，建议不要使用可可脂。

油脂名称	参考特性	建议用量
乳木果油／雪亚脂 Shea Butter 	由乳木果的果仁提炼出来的油脂，呈略带浅米黄色的固体状，质感似奶。因为含有丰富的维生素A和维生素E，可调整皮脂分泌，消炎与修护肌肤。最适合婴儿及过敏性肤质的人用。防晒作用佳，亦可保护及治疗日晒后的肌肤。若和较具滋润效果的油脂搭配，则可制成乳霜、唇膏等常用护肤品。	建议用量10%~30% 当作超脂使用时，比例为5%~10%。
蜂蜡 Beeswax 	又称蜜蜡，是蜜蜂体内分泌出的脂肪性物质，作蜂巢隔间用。蜂蜡加热后不会产生丙烯醛，且曝晒于阳光下或暴露于空气中也不会腐坏，因此具有轻微防腐性及保湿功效，但对皮肤效用不大，制皂时加入可以增加硬度。	建议用量3%~5%

◀ 油脂特性与用量（制作保湿力强、具有滋润性的皂）▶

油脂名称	参考特性	建议用量
橄榄油 Olive Oil 	含有高达70%以上的油酸和丰富的维生素E、矿物质、蛋白质，具有滋润、保湿及修护肌肤的功能。尤其是其所含有的角鲨烯（sgualene），是一种天然的抗氧化剂。能制作出泡沫细小，持久，适合婴儿和干性肤质的人使用的手工皂，也可制成防晒油或护发油。橄榄油基本上有特级初榨橄榄油、精制橄榄油、橄榄果渣油等三个等级。特级初榨橄榄油等级最高，带有浅绿色，含有的营养成分也最多，只是搅皂要花更多时间，所以一般选用精制橄榄油即可享用滋润又好用的手工皂啰。	虽然清洁力不佳，但却能制作出非常滋润的手工皂。比例越高对肌肤越温和，缺点为硬度不高，容易遇水就软烂。建议用量：10%~100%
山茶花油／苦茶油 Camellia Oil	有东方橄榄油之称。日本称之为"椿花油"。是以压榨法从山茶花种子中取得的植物油。含有较多不饱和脂肪酸，含丰富的蛋白质和维生素A、维生素E等，这使它成为良好的抗氧化剂、有抗衰老之功效。由于含有与人体皮肤所含相近的油酸成分，不会阻塞毛孔，还能形成一层保护膜，保湿的同时具有滋润作用，减少皱纹生成。山茶花油还有不错的防紫外线功能，也很适合用于洗发、护发哟！	比例越高对肌肤越温和。属软性油脂，起泡少、滋润性强，洗感较为清爽。建议用量：10%~72%

油脂名称	参考特性	建议用量
月桂果油 Laurel Berry Oil	未经过精炼的月桂果油能看到明显沉淀物，且带有一股浓郁的药草味。由于具独特的分子结构，其脂肪酸构成包括约 30% 的月桂酸、26% 的亚麻油酸、22% 的油酸及 15% 的棕榈酸，其中，月桂酸和棕榈酸这两种饱和脂肪酸就占比 45%，因此配上橄榄油即可做出一块坚硬、泡沫丰富、好用的阿勒颇古皂。 清洁力强、泡沫丰富。能平衡油脂分泌，调节敏感肤质、干燥肤质，用于洗脸相当适合；亦可改善皮肤暗疮。	由于富含月桂酸，清洁力不错，配方中该油比例不宜太高，免得反过来刺激皮肤。 建议用量：30% 以下
芝麻油 Sesame Oil	不同于食用级芝麻油，手工皂使用的芝麻油没有经过高温烘焙，颜色较浅、香味较清淡，但却保留了所有的营养成分。含有丰富的脂肪酸、天然维生素 E 和芝麻素，含有强效的抗氧化物质，并可避免肌肤受紫外线伤害。适合干性与超熟龄肌肤。 芝麻油所含的脂肪酸中，油酸占比 40%~50%、亚油酸占比 45%~50%，稳定性极佳，耐久藏。保湿、滋润性都好。能促进血液循环，对头皮及头发的养护效果也很好。	能做出洗感清爽的皂，夏天用或给油性肌肤、有痘痘的人使用都很好。建议在添加比例高时搭配硬油以提高硬度。 建议用量：10%~50%
榛果油 Hazelnut Oil	由榛果中萃取而得的油脂，含有大量棕榈油酸、各种矿物质，维生素 A、B、D、E，卵磷脂和蛋白质，油质稳定性高且清爽，渗透力强，能有效防止肌肤老化，促进肌肤再生；能迅速防止水分流失，有持久的保湿力，可代替或搭配橄榄油使用。适合各种类型的肌肤，特别是油性肌肤、毛孔粗大，有收敛、净化肌肤的功效。	泡沫小、滋润性强。适合与甜杏仁油或是澳洲胡桃油搭配使用。 建议用量：10%~80%
米糠油 Rice Bran Oil	由米糠经压榨提炼而出，含有丰富的维生素 E、蛋白质等，与小麦胚芽油很相似，但因其分子小，容易渗透皮肤，清爽不油腻，且能活化肌肤、吸收紫外线、防止油脂氧化变质以及阻止黑色素的生成，多用于防皱、抑制肌肤细胞老化及美白和防晒方面。	起泡度好，洗感清爽、温和，可替代小麦胚芽油使用。 建议用量 20% 以下
蓖麻油 Castor Oil	由蓖麻子压榨而成。蓖麻子又名草麻子、红大麻子。蓖麻油为透明或浅黄色黏稠液状，含 85%~90% 的不饱和蓖麻油酸，黏度很高，吸湿力强，有极佳的保湿效果，能舒缓敏感性肌肤。尤其是其特有的蓖麻油酸，对头发有特别的柔化作用，因此蓖麻油常被添加在洗发皂配方中。	蓖麻油也是制作透明皂基的主要油脂。 比例过高容易融化软烂。 建议用量 0~15%

油脂名称	参考特性	建议用量
甜杏仁油 Sweet Almond Oil	含丰富的维生素 A、B₁、B₂、B₆、D、E，蛋白质，矿物质及脂肪酸，具有良好的亲肤性，有极好的舒缓、软化及滋润皮肤的功能，可以预防皮肤老化及湿疹，对富贵手（进行性指掌角化症）有保护作用，很适合干性，有皱纹、粉刺、面疱及容易过敏发痒的皮肤，更适合婴儿身体按摩。	泡沫细密、温和滋润，不用刻意添加过高的比例就能感受到良好的护肤效果。 建议用量：10%~30%
鳄梨油 Avocado Oil	从鳄梨果实中抽取，含丰富矿物质，蛋白质，维生素 A、B、D、E，卵磷脂及脂肪酸，属于渗透性强的基础油，适合中、干性皮肤按摩时使用，也可柔润肌肤；鳄梨油是制作婴用手工皂与敏感性肌肤手工皂的常用材料，用它做出来的皂很滋润。	起泡度好，滋润性强，能制作出非常温和、滋润的皂。比例越高对肌肤越温和。 建议用量：10%~30%
澳洲胡桃油 Macadamia Oil	又称为坚果油，其油性温和不刺激，同时具有很强的渗透力，因此容易被肌肤吸收，在滋润和保湿上都表现不差，加上棕榈油酸含量高，延展性也不错，对老化的肌肤有很好的养护作用，能使肌肤保持水嫩明亮的感觉，在滋润干燥的肌肤方面有不错的效果。	保湿力不错，比例可以自行调整，比例越高保湿效果越好。 建议用量：10%~80%
葡萄籽油 Grapeseed Oil	经常温压榨而取得，含有大量具有抗氧化作用的青花素，以及丰富的维生素 B、维生素 C、亚麻油酸、微量的矿物质和人体必需的脂肪酸，能抗自由基和保护肌肤中的胶原蛋白，同时减少紫外线的伤害。 由于渗透力强，好吸收，能增加保湿和滋润效果，洗后也不会干涩，适合细嫩、敏感性的肌肤及有暗疮、粉刺等的油性肌肤使用。	起泡度低，滋润性一般。缺点是因为亚麻油酸含量高达约60%，入皂容易酸败。而且，做出的皂比较软，需要配合其他油脂使用。 建议用量 5%~10%
葵花籽油 Sunflower Seed Oil	是从向日葵的籽里提炼出来的油，含有高比例的维生素 E，这种天然的抗氧化剂除了对肌肤具有滋润与保湿效果之外，还可修护肌肤细胞和缓解皮肤瘙痒的症状。	起泡度一般，但滋润效果不错。 建议用量 5%~20%

◄ 油脂特性与用量（制作对肌肤有特殊功效的皂）►

油脂名称	参考特性	建议用量
小麦胚芽油 Wheatgerm Oil	从小麦最有营养的胚芽中萃取而出，除了含丰富的维生素E、蛋白质、不饱和脂肪酸及多种矿物质，还有维生素A、维生素D、B族维生素等及高比例的亚麻油酸等，具有优越的抗氧化作用，其中维生素E（即生育酚）是优质润肤剂，可保护细胞膜，为肌肤提供所需养分，促进肌肤修复、再生，对干燥、缺水、老化的肌肤极有帮助，亦能减少皱纹，减轻青春痘所留下的疤痕。是特别适合搭配植物精油的基础油。	洗感清爽，起泡度不错，能增加保湿力和柔滑感。 建议用量5%~10%
玫瑰果油 Rose Hip Oil	从玫瑰果（也称蔷薇果）中压榨而出的油，其主要成分有多种不饱和脂肪酸、果酸、软脂酸、硬脂酸、亚麻油、棕榈酸、柠檬酸、维生素A、维生素C、维生素E。能深层滋润肌肤，促进细胞活化，提高肌肤防御力，还能软化肌肤、使肌肤保持弹性，可美白、防皱、预防黑色素沉积等，对淡化妊娠纹亦有极佳效果。 适用各种肤质，特别对改善疤痕、暗沉肤色以及青春痘等问题有显著效果。但因亚油酸占45%，该油容易氧化变质，且氧化速度快，属于敏感性的植物油。干燥或老化的肌肤可以直接用玫瑰果油做按摩。	适合直接添加在乳、霜或按摩油中使用，一般添加比例为10%即可。质地较为黏稠，需搭配质地较清爽的油脂使用。 建议用量5%~10%
月见草油 Evening Primrose Oil	月见草也称作晚缨草，含大量亚麻油酸，能维持细胞的健康，常用于滋润肌肤，可消除皱纹及改善肌肤松弛老化等症状。 月见草油中90%为多元不饱和脂肪酸，能改善肌肤的异常症状，如湿疹、干燥，同时对促进伤口愈合极为有用，尤其适合老化、干燥及敏感肌肤，只需一点点就有不错的效果，适合直接添加在乳、霜或按摩油中使用。	泡沫少，且因亚麻油酸占60%~70%，很容易氧化。 建议用量5%~10%
荷荷巴油 Jojoba Oil	荷荷巴是一种沙漠的野生植物，被冠为"世界油料之王"。荷荷巴油稳定性高，能耐高温，不易腐坏，加上其含有丰富的蛋白质、矿物质、胶原质，维生素D、维生素E等，亲肤性极好，能在肌肤表面形成保湿薄膜，锁住水分，增加肌肤的弹性与光泽，防止肌肤老化却不会阻碍肌肤呼吸，因此能改善发炎、湿疹、面疱等症状，防止皱纹产生、软化皮肤。 荷荷巴油是最接近皮肤组织中胶原质的植物油，用于按摩可缓解皮肤病、痛风、关节炎；用于护发可使头发柔软、光滑，预防分叉，还可调理油性发质，是最佳的头发用油。	泡沫稳定，也常被用来制作洗发皂。 建议用量10%~20%
印度苦楝油 Neem Oil	从印度苦楝树中萃取而出，带有一种苦涩味，含有相当多的印楝素，可止痒、消炎，有不错的舒缓作用。由于具有强效的抗微生物活性，有杀虫效果，印度苦楝油经常出现在芳疗药典里，用于处理伤口，也常用于宠物皂，有防虫驱蚊之功效。	起泡绵密、滋润度高。 建议用量:10%~20%

Part 2

调制手工皂的添加物

手工皂的四大"调味料"

为了增加护肤的功效，配方中除了一般的基础油之外，往往会再加入对肌肤友好的添加物，以期制作出洗感好又外形缤纷且香味怡人的手工皂。一般常用于皂体的添加物大致可分为四大类，大家可以依自己的需求和喜好添加。这里就简单分类说明一下！

色彩缤纷的四大添王

手工皂本身，主要以"清洁"为目的。虽然添加物在使用上并没有太大的限制，但若制皂过程中用法错误或是加了不适合的添加物，可是会影响到皂的品质的。

想让皂具有创意，就来发挥小小的实验精神吧。

调对比例，滋润好入手

添加物到底要加多少才是手工皂的完美比例？**建议添加物用量为总油量的3%~5%，这是理想数值**。

添加新鲜果汁时，必须用对方法，才不会使手工皂酸败或氧化。

1. 漂亮又芬芳的花草添加物

新鲜的花草，除了有特殊的功效之外，还能使皂美观，带来色泽上的变化。以下，我们针对花草入皂后的特性进行简单的介绍。

- **洋甘菊**：对皮肤有镇定及保湿的功效，尤其是对敏感性及其他问题皮肤有特别的效果。

- **金盏花**：又叫作万寿菊，具有很强的抗菌、杀菌效果，适合治疗问题皮肤，对抗老化也很有效，很适合婴儿及皮肤敏感的人，适用于任何肤质。

- **薰衣草**：可加强抗菌效果与提高免疫力，抑制晒伤，防止肌肤干燥，同时还可收敛毛孔及帮助皮肤组织再生，其香味能舒缓精神，常被置于美白护肤品当中，或用于日晒后的皮肤的紧急保养，以防止晒后肤色暗沉。

- **柠檬香蜂草**：可镇静精神，放松心情，适用于敏感性皮肤与问题皮肤，对容易干燥的老化皮肤也很有效。

- **玫瑰**：对老化与干燥皮肤特别有效，因为能保湿、抗炎，也有很好的镇定、安抚、抗菌等医疗价值及护肤保养价值。

- **迷迭香**：清爽的香味会让人瞬间头脑清醒，这种特殊的香气具有驱虫、杀菌和抗氧化作用，对促进血液循环，恢复皮肤弹性和收敛毛孔都有不错的效果，适合油性皮肤，可促进循环。

- **茉莉花**：具有放松精神、镇静、抗忧郁的效果，并在润泽肤色上功效明显。
- **薄荷**：能疏风、发汗、散热解毒、消炎止痒、防腐祛腥、杀菌，还能清新空气。

保存花草的最佳方式

【晒干法】

将新鲜花草曝晒，待其干燥后再入皂，以免因潮湿而影响到皂的品质。只是花草入皂时，经强碱作用后，香味和颜色都会改变。

【用油浸泡法】

晒干或是完全去除水分的香草植物，可完全浸泡于油中，放置于阴凉通风处保存。需存放一个月以上（静止期），才能让花草本身的有效成分慢慢释放于油中，当然也能释放出其他脂溶性物质。

浸泡油的比例是**花草：油 ≈ 1：3，花草的量须占瓶子体积的 1/3~1/2**。在后面的内容中，我们会再对浸泡油进行特别介绍！

2.有医药作用的添加物

- **熊果叶**：抗炎，可治疗斑疹，含能抑制黑色素的熊果苷及鞣花酸，可以用来美白。
- **紫草根**：抗菌、抗炎，富含尿囊素，有预防及治疗青春痘、湿疹及面疱的功效。
- **桑白皮**：为知名中药，对美白有不错的效果，还能治疗发炎和水肿，各种皮肤都适用。
- **牡丹皮**：消炎、抗过敏，可促进血液循环及新陈代谢，也可预防皱纹产生。
- **虎耳草**：修复细胞、对抗紫外线，可美白，对皱纹、肤色暗沉及青春痘都有效果。
- **芦荟**：有极强保湿效果与抗氧化作用，可促进伤口愈合。对干燥与老化皮肤十分有效，具双向平衡作用，使干涩皮肤滋润，油性皮肤不油腻。

- **红茶**：抗菌性强且含有较多的咖啡因。
- **绿茶**：含有丰富的茶多酚、维生素 E、维生素 C、胡萝卜素、儿茶素及单宁酸，可溶解皮肤油脂与角质。抗氧化性好，可促进血液及淋巴系统循环，防止浮肿。能抑制日晒产生的皱纹、雀斑，改善问题肌肤。
- **广藿香**：又称"左手香"或"到手香"。新鲜的广藿香汁对擦伤、刀伤、烧伤、烫伤、蚊虫咬伤、无名肿痛、疔疮、耳朵发炎、喉咙痛等深具功效。对治疗皮肤病，如脂溢性皮炎、湿疹、粉刺、过敏、皮肤干裂、毛囊炎也有很大的帮助，杀菌效果好。
- **艾草**：可祛湿逐寒。性温，有暖子宫、抗菌抗病毒、缓解关节炎等功能。中医以艾入药、炙灸。

提取新鲜汁液制皂的方法：

1. 将叶子（或其他材料）洗净放入果汁机中，倒入约一杯的纯净水。

2. 启动果汁机将叶子搅成泥状。

3. 用干净的布过滤取汁。

4. 将汁液倒入制冰盒或自封袋，放入冰箱冷冻室制成冰块。

5. 待做皂时取出，与氢氧化钠相溶。

6. 氢氧化钠要分次加入，持续搅拌至氢氧化钠全部溶解，此过程中味道不是很好闻，这是正常的。

1　　2　　3-1　　3-2

3. 新鲜蔬果、杂粮添加物

- **葡萄柚**：改善蜂窝组织、分解油脂，可减肥瘦身。

- **鳄梨**：营养价值居各类水果之冠。含有蛋白质、β–胡萝卜素、B族维生素、维生素C、维生素E、必需脂肪酸与多种矿物质，可以美肤养颜、抗老化。

- **木瓜**：含丰富的β–胡萝卜素（强效的抗氧化剂）。青木瓜含有更多的木瓜酵素，可软化角质，使皮肤光滑细腻。另有说法认为木瓜酵素具有解毒、消炎与消肿作用。

- **香蕉**：治疗皮肤瘙痒症。香蕉皮中含有的蕉皮素可抑制真菌和细菌。

- **胡萝卜**：活化细胞，预防皮肤粗糙，增加皮肤弹性。

- **小黄瓜**：含丰富的维生素C、酵素、矿物质等，具有消炎美白的作用。

- **生姜**：可去除老年斑，抗衰老，治疗风湿性关节炎、腰腿痛，减轻关节炎疼痛，姜汁洗发可防止脱发。

- **杏仁**：含有丰富的糖分及维生素E，可以软化皮肤角质并抑制皱纹产生，适合敷面，对保养皮肤有不错的效果。

- **红豆**：红豆中含有一种被称为皂素的天然表面活性剂，可以有效去除油污，也很适合各类皮肤。

- **绿豆**：保湿清洁效果强，有杀菌、美白、消除青春痘的效果。

- **薏苡仁**：对黑斑、雀斑、肤色暗沉等问题有效，可排出多余水分达到瘦脸效果。

- **黄豆**：清洁毛孔效果强，有排毒、保湿、抑制油脂分泌的功效。

- **白芝麻**：富含维生素E、矿物质硒及芝麻素，可抗自由基、抗氧化，保湿且滋润。

- **燕麦及玉米片**：含B族维生素及蛋白质，具有很好的抗炎及紧肤功效，使用时必须碾碎，适合做去角质皂。

4. 调出缤纷色彩的天然矿泥粉

- **绿石泥**：外观为灰绿色。可吸收皮肤分泌的过多油脂，具有深层清洁毛孔、促进伤口愈合的功能，能防治青春痘及面疱等，还可防止皮肤老化、平衡混合性皮肤的油脂分泌、促进淋巴系统及血液循环。

- **红石泥**：外观为砖红色。除能吸收过多的油脂、清洁毛孔外，适合干燥及敏感皮肤，特别是疲乏状态下的肌肤。

- **粉红石泥**：外观为淡淡的粉红色，对不同性质的皮肤皆有不错的护肤功效，熟龄肌肤尤其适用。用来敷面可柔化皮肤，淡化细纹，让皮肤富含水分。

- **黄石泥**：外观为鹅黄色，具有极强的收敛及修护效果，适合面疱、暗疮、毛孔粗大、发炎等皮肤问题。

- **海藻粉**：外观为鲜绿色，基础成分为天然海藻，搭配岩藻、昆布与珊瑚藻等制作而成，主要功效为清洁、排毒。

- **备长炭**：外观为黑色，具有除臭、杀菌、除湿、深层清洁、净水、释放远红外线等作用。

其他

- **蜂蜜**：具有保湿效果，增加皮肤弹性与红润感，也可以增加皂的起泡度。

- **无患子**：含有皂素，可以分解油脂。无患子可乳化粉刺，预防青春痘。

- **蛋黄**：含有丰富的蛋白质，保湿力强。

- **咖啡豆**：有除臭作用，咖啡豆煮水可用来清洁厨房或者洗手，也可以把咖啡豆打碎后加入trace（划痕）状态的皂液中，做出有去角质作用的皂。

- **黄豆粉**：清洁力强，适合用在洗碗皂中。

- **茶籽粉**：茶籽粉含有天然植物皂素，杀菌、去污力强，清洗餐具、蔬菜、水果时，好冲又好洗，能分解蔬果上的残留农药，是天然的环保洗涤粉。

- **牛奶**：含有乳脂肪，对皮肤有很好的保湿效果，且以乳制品入皂后，不论任何配方的手工皂，都会多一层滋润。

天使妈妈的小教室

● **制作姜汁小冰块**

1. 将姜切成小块，放入果汁机中，加点纯净水打成泥状。

2. 打成泥状后，可放入制冰盒中。

3. 取出冰块，用自封袋封装好。

● **制作牛奶冰块**

1. 可先称好要入皂的牛奶的重量。

2. 将牛奶倒入制冰盒或自封袋，放入冰箱冷冻室制成冰块。

3. 取出牛奶冰块，慢慢加入氢氧化钠。待氢氧化钠溶解之后需分次倒入油中搅拌，倒得太快会使乳制品变色。

4. 持续搅拌动作直到氢氧化钠全部溶解。因为牛奶已结冰，有时会油水分离，别在意，继续搅拌。

3-1　　　　　3-2

【天使妈妈小提醒】

漂亮的色粉可不是加越多越美丽哟！色粉加太多会使皂过于鲜艳，反而不好看，其比例要看购买的色粉的彩度，天然色粉通常添加比例为 1%~2%。皂用色粉或是化妆品级色粉可先在小杯子里做测试，若色粉不易搅散，可先在量杯内倒入少量皂液再加入色粉。

漂亮颜色的魔法技巧

色彩的运用能让手工皂更添趣味，只要颜色对了，皂就美了。但难就难在不知如何搭配颜色，除了观摩其他人的作品外，认识一下基本的颜色的变化也能轻松玩出美丽新色彩。

　　色彩的来源：除了油脂本身的色彩外，食材粉末、矿粉等天然粉末都能增加皂的吸引力与颜色上的变化。

　　如何调配出好看又不失个人风格的色彩呢？建议初学者先认识简易的色彩三属性，透过色相环的辅助来学习配色，了解配色的技巧与各类型颜色的差异。

认识色彩三属性

　　一般我们看到的颜色，都具有色相、彩度和明度这三个属性。在色彩学中，红、黄、蓝是色彩的三原色，不能由其他颜色混合而成。

　　掌握了三原色之后，即可利用它们来混合出更多颜色，形成一个环形的色彩体系。即"色相环"。

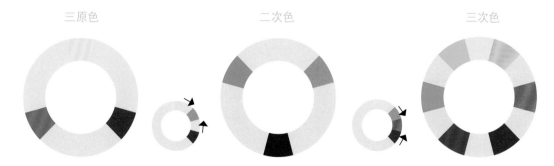

三原色　　　　　　　　二次色　　　　　　　　三次色

将三原色1:1混色，所得颜色称为二次色，例如：红色＋黄色＝橘色
　　　　　　　蓝色＋黄色＝绿色
　　　　　　　蓝色＋红色＝紫色

将三原色和二次色再混合，得到的红橙、黄橙、黄绿、蓝绿、红紫、蓝紫等颜色则为三次色。

1. 色相：

依色彩在色相环上的位置所成的角度，可产生同一色相、邻近色相、对比色相及互补色相等配色。两色所成的角度愈小，色彩的共同性愈大。以右侧图片为例，其特色如下：

1. 右侧为暖色调，明度高、彩度高。左侧为冷色调，明度低、彩度低。

2. 色相与彩度的关系成正比，色相差大时调和彩度差也大；色相差小，彩度差也要小。

2. 彩度：

就是色彩的浓度，或者说鲜艳程度。越鲜艳、越浓郁的色彩通常就被认为纯度越高。

3. 明度：

是色彩的明暗程度。不同的色彩有不同的明度，即使同一种色彩，其明度也会有所不同。

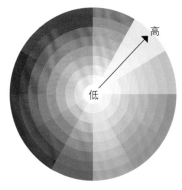

彩度由低→高

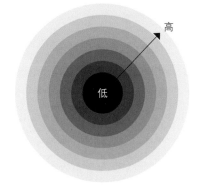

明度由低→高

一般的颜色加起来有 12 种，构成 12 色相环

色彩的冷暖效应

一般来讲，暖色系的色彩较为活跃、有动感，冷色系则给人以稳重、安逸等静态印象。

配色技巧

有些颜色会使人有轻松、愉快的感觉，当然也有些颜色会让人情绪低落。该如何调配色彩呢？对颜色不熟悉的人可以利用色相环来找出自己喜欢的色调哟！

1．邻近色相配色

指用在色相环中相邻的颜色配色，将相邻的两色排列在一起，或者用夹角为30°~60°的两色作搭配的方式。这些颜色因为色彩对比度低，会有令人安心和满足的感觉，因此可以搭配出和谐与顺眼的配色效果。

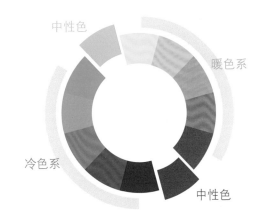

2．对比色相配色

指在色相环里以夹角为120°~150°的两色作搭配的方式。具有活泼、明快的风格的同时给人一种色彩鲜明且变化很大的感觉。例如，紫色的对比色是黄色。在设计上要多注意在变化中求统一的原则，这样才不会令人觉得太突兀。

3．互补色相配色

也就是用色相环里夹角为180°的分别为冷色与暖色的两种颜色配色的方法。这种配色给人以鲜明且热闹的印象，像是红配绿，因此也最具戏剧性、华丽感。

根据色彩心理学，色彩与每一个人的特质都有着密切的关系，所以依据平时喜欢的颜色便可以稍稍判断出心情！

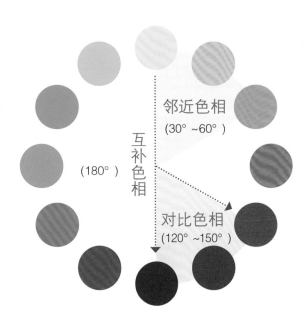

生活中有些天然食材和其他有色物质，运用在手工皂中可呈现不同的颜色，以下为常用的天然染料。

胡萝卜素	可染出黄色至橘色等颜色。
绿藻粉	本身为草绿色，入皂时，需配合绿色皂用染料，以保持颜色的持久、稳定。
朱草根粉	暗红色，可先做成浸泡油后使用。
红椒粉	可染出黄色至橘红色等颜色。
香草	大部分加入了香草的皂都会呈茶色，唯有添加金盏花时皂不会变色，而用绿茶和艾草做出来的皂会是绿色的。
香料	加入匈牙利红椒粉的皂会呈桃红色，加入姜黄粉的皂会呈黄褐色，加入可可粉会让皂呈巧克力色。
巧克力	先将巧克力熔化，再放入 trace 后的皂液中，即可制作出如巧克力般的皂。巧克力中的糖分与脂肪对肌肤的保养效果也不错。
天然矿泥粉	可保养肌肤的天然矿泥粉，颜色丰富，能制作出各种颜色的手工皂。不同颜色的矿泥粉对肌肤的作用也不同，有些是保湿，有些可以去角质、美白，都是不错的添加物。
红棕榈油 / 棕榈果油	红棕榈油是红色的，制成皂后会变成橘色或者芒果色，保存一阵子后颜色会慢慢褪掉，有可能褪成白色。
紫草浸泡油	做出的皂从蓝绿色、紫红色到紫色都有。
栀子果实	它的色素是水溶性的，要煮水、放凉，再拿来溶碱，做出来的皂是鹅黄色。
小黄瓜汁	可做出淡淡的浅绿色的皂，等皂表面干一点后，浅绿色会变成黄褐色。
绿色蔬菜(菠菜)	除了未精制的鳄梨油可做出绿色皂之外，绿色蔬菜汁也可以做出呈淡淡的绿色的皂，不过用新鲜蔬果来调色的话，其颜色也会因日光照射或者储存环境的影响而慢慢褪色。

亲手做浸泡油，
最适合皮肤的基底油

相对于价格昂贵的精油，自己利用干燥的花草来制作浸泡油，不只操作简单，还更容易将草本植物的养分萃取出来，制作出效果显著的功效油。只要了解各种草本植物的特性，就可以在家自己动手做，还能省钱。

私房浸泡油的制作方法：

step 1 　将植物放入已消毒且晾干的瓶子中，填至瓶子的 1/3 处。（视香草植物与药材功效的不同可自行斟酌添加的量。）

step 2 　将油倒入瓶子。此时有些植物会随油浮上来，没关系的，干燥的植物吸满油之后又会往下沉。

step 3 　将瓶子倒满油，再使用保鲜膜封住瓶口。

step 4 　盖上盖子，并匀速摇晃瓶子。

step 5 　放置 2~6 周或更久，植物会慢慢释放出脂溶性物质与少量精油成分，使用前过滤掉花草即可。

step 1

step 2

step 3

step 4-1

step 4-2

step 5

【天使妈妈小提醒】

前两周需隔几天摇晃一次瓶子，重复几次即可。这有助于释出脂溶性的营养成分。
保存时，须避光、干燥、低温保存，才能使保存期拉长。但是前提是用于浸泡植物的油品质良好、没变质，且浸泡物确实干燥，这样制作起来酸败才不会找上门。

▶ 使用前要煮煮瓶子

不管是买回来的还是回收再利用的瓶子，使用之前都要先清洗干净。
1. 可以用 75% 的酒精先消毒，再晾干。
2. 用热水冲烫或用锅煮玻璃瓶，之后晾干即可。

温暖全家的姜浸泡油

冬天一到，老爸总会备足老姜，好让全家人在整个冬天都可以利用姜来驱寒祛湿，活化气血，让身体暖起来。姜汁可用来入皂，姜末可制作浸泡油，用来按摩。姜浸泡油可是天使妈妈家最受欢迎的人气油呢！

挥别虚冷的暖姜皂

姜，含有抗氧化效果很强的姜辣素和姜烯油等成分，除了能清除自由基之外，对女性还有调气血的作用，当然最重要的是能促进新陈代谢，活化细胞。姜还能有效地防止脱发、白发；刺激新发生长、强化发根，达到修护"毛囊干细胞"的目的，因此常用来制作洗发皂，添加些许姜，就能做出不错的洗发皂。

我习惯将老姜榨成汁，然后冷冻起来，以备"入皂"。姜末则可晾干入油，做浸泡油。当然，直接将姜切片晾干入油最好，无须将姜汁榨出。

制作姜浸泡油的方法：

step 1　先将姜片切碎。

step 2　将姜末铺平、晾干。晾干时间会因为季节或地点的不同而变化，用手摸，干燥的姜末会有酥酥的感觉。

step 3　在装瓶之前可以用烤箱在 70 ℃的条件下烘焙约 40 分钟。

step 4　将姜末装入瓶子，约占瓶子容量的 1/3。

step 5　在瓶中装满油，盖上盖子。也可以自行包装瓶子。

step 6　均匀摇晃装了浸泡油的瓶子。

step 1　　step 2-1　　step 2-2　　step 6

【天使妈妈小提醒】

刚泡了姜的油，别忘了摇一摇哟。前两周需几天均匀摇晃一次，重复几次即可，最后放置 2~6 周或更久即可过滤使用。

姜浸泡油可以大面积涂抹在背部疼痛的地方，或者关节部位，甚至腹部，双手搓热，轻轻按摩至油被皮肤吸收就可以了。

姜浸泡油对筋骨疼痛、身体乏力、精神不振，或者感冒刚刚痊愈的朋友很有效果；涂抹在腹部，对女性生殖器官也有很好的保暖作用。

美肤亮白的
清爽绿茶粉浸泡油

花草入油，需要通过时间慢慢将植物中的养分释放出来，而研磨成粉的花草或中药材颗粒变小了，更容易将养分和精华释入油中。连油的颜色也都变美了，完全不添加任何化学色粉，在浸泡的过程中还能观察色彩的变化，这就是粉类浸泡油的不同之处。

　　绿茶含有丰富的维生素与防止细胞老化的茶多酚，能活化细胞，若再搭配具有抗氧化作用的植物油，更有助于润肤养颜。尤其是具有杀菌及收敛毛孔效果的绿茶粉，在油的带动下，能制作出清爽且触感细滑的质感好的皂。所以在天使妈妈私藏的浸泡油中，一定要与皂友们分享利用绿茶粉制作的浸泡油。

粉类入皂，占比多一些

　　在磨成细粉之前，首先要将植物晒干，使植物体积变小后再进行浸泡，因而直接使用绿茶粉来制作浸泡油。

　　粉类制作浸泡油的比例与植物形态的花草略有不同，通常粉油比例为 1:4。若是用瓶子体积作参考的话，就将粉放到瓶身的约 1/5 处，再倒满油即可。

绿茶粉浸泡油的制作方法：

step 1　　在已消毒的空瓶里倒入绿茶粉后再倒油。

step 2　　倒油时粉末会随之浮起，几分钟后，粉会因为吸油脂再往下沉。

step 3　　只要把盖子盖好并将粉摇晃均匀，浸泡约 1 个月后即可过滤使用。

step 1　　　　step 2-1　　　　step 2-2　　　　step 3

【天使妈妈小提醒】

制作粉类浸泡油时，在前几天就需开始每天摇晃瓶子，将粉摇均匀，一直到使用的前一天为止，使用当天，让粉沉淀后将油直接倒出，剩余部分再过滤即可。

何谓浸泡油

简单来说，浸泡油就是将干燥的草本植物包括药材等浸泡在植物油里，经过一段时间后，用油脂将植物中的脂溶性物质慢慢浸润出来，释放在植物油里。其概念与家里浸泡的药酒同理。

尤其是有很多草本植物无法用蒸馏法萃取精华，需要经由时间及温度让草本植物中的生物碱、精油与其他活性物质慢慢溶到油中，才能成为饱含养分的浸泡油。

选对瓶子，才能保存好

制作浸泡油之前要先备好容器。玻璃容器最佳，主要是制作浸泡油需要较长时间，若使用其他材质的容器，浸泡太久恐怕会有增塑剂或者其他化学物质析出，渗入油里，影响浸泡油的品质。

选玻璃瓶时也要考虑瓶口，不能太小，这关系到日后瓶子里的东西能否顺利取出，瓶身是否好清洗以便重复使用。

浸泡油的完美比例

制作浸泡油是以瓶子的体积为测量标准的，很多手工皂教室会将植物与油的比例设为1:3或者1:2，这是一种基础量法，但对新手而言，很难抓准比例。其实，比例上可以稍微调整，只要让植物在瓶里有足够的空间晃动即可。

如果想要取得萃取物浓度较高的油，可先浸泡一次之后将浸泡物过滤掉，接着放入新的干燥植物再浸泡一次，但此过程必须小心，不要污染油，以免使油氧化，无法存放。

【天使妈妈小提醒】

✔ **适合浸泡植物的油**：要选不易氧化的油
橄榄油、甜杏仁油、榛果油、荷荷巴油、澳洲胡桃油、鳄梨油等。

✘ **不适合浸泡植物的油**：容易氧化的油（含亚油酸、亚麻酸比例高的油较不稳定）
葡萄籽油、月见草油、玫瑰果油、玉米油、大豆油、葵花籽油、红花油等。

选择浸泡油，滋润多一层

浸泡油和精油不同，虽然没有精油的香味，却比精油多了一份营养和一些植物的药性成分，因此有"药草油"的称号。

　　为了给皮肤提供更好的养分，让皮肤更滋润，在浸泡油基底油的选择上就要特别注意油的抗氧化性及亲肤性。想选择适合自己的基底油，可参考我们前面的油脂介绍，以明了油脂的特性。针对草本植物的选择，我们则提供以下较为常见的植物作参考。

草本名称	功效与用法	适用肤质、部位
金盏花	具有抗炎、促进胶原蛋白生长的功能，可促进细胞再生与淋巴循环。	敏感性皮肤，过敏、长青春痘或有疤痕的部位都适用。
洋甘菊	有镇静和安神的功效，对黑色素也有抑制作用，能减轻伤口的炎症，改善皮肤问题。	敏感性皮肤，婴幼儿及容易过敏的人都适用。
茉莉花	有美肤、嫩白和收敛的效果，亦具有保湿、抗皱的特性，也常被用于淡化妊娠纹与疤痕。	任何肤质皆适用，尤其适合用来滋养干燥的皮肤。
玫瑰花	有养颜、美白、淡斑之效，能紧实、收敛和滋润皮肤等。	任何肤质皆适用。
薰衣草	有"香草之后"的称誉，具有镇静舒缓、促进细胞再生的作用，对平衡油脂分泌也有显著效果。另外，对灼伤与晒伤也有很不错的修复作用。	一般肤质皆适用，尤其适合问题皮肤，也是护发佳品。
迷迭香	具有浓郁的香气，能抗老化、收敛皮肤，亦可促进血液循环，消除水肿，能刺激毛发生长，常用可改善脱发、掉发的现象，对头皮有清洁、杀菌等作用。	适合中性、油性皮肤。

草本名称	功效与用法	适用肤质、部位
圣约翰草	在西方备受推崇的药草，可缓和紧张情绪、缓解压力，同时具有消炎作用，对皮肤创伤、青春痘和湿疹等也有疗效。	对光敏感，使用后不要立即晒太阳，以免引起反黑。
山金车	刺激血液循环，具有抗老化和消炎的作用，可改善皮肤暗沉、淡化黑眼圈。	皮肤若有伤口，切勿使用。
紫草根	含有尿囊素和天然的紫红色素，使得浸泡油呈深紫红色。因为具有很好的抗菌、修复作用，能达到保湿、除皱与增加肌肤弹性的效果。	很适合有痘疮、发炎、湿疹等的问题皮肤，特别是长暗疮的皮肤。
姜	能使全身发热、排湿祛风，治疗感冒，缓解肌肉酸痛。还能促进头皮新陈代谢，修护发根，预防掉发。	用来做洗发皂可抑制头皮发痒，强化发根。
绿茶	可收缩毛孔，延缓肌肤老化，对抗自由基，减少皱纹产生。	适合中性、油性皮肤。
柠檬草	调理皮肤，对毛孔粗大颇为有效。有抗菌、除粉刺和平衡油性皮肤油脂分泌的功效，对足癣及其他真菌感染也有疗效。	适合中性、油性皮肤，亦可用于特别容易长粉刺、痤疮等的问题皮肤。
鼠尾草	像老鼠尾巴的鼠尾草干燥之后，颜色会由原来的灰绿色转为银灰色，其独特的活性成分也会让功效增加3倍。鼠尾草精油具有抗菌消炎的作用。能促进细胞再生，修护皮肤细胞组织，清洁头皮，调节皮肤油脂分泌。	改善出油、粉刺、痤疮等皮肤问题。
荨麻叶	常被用来作为春令蔬菜进补。荨麻的每个部位都能使用，局部涂抹荨麻茶能够减少湿疹及粉刺，也能减轻荨麻疹瘙痒。同时能刺激头皮并减少脱发。	帮助毛发重新生长，对祛除头皮屑及护发非常有效。
百里香	含有丰富的麝香草酚，可以镇静、提振精神、消除疲劳、强心、抗风湿、恢复体力、减轻妇女痛经。用来泡澡可舒缓和镇定神经。能协助身体抵抗疾病，控制细菌蔓延，有助于提升免疫力。	能强健头皮，有抑制脱发的作用，对治疗湿疹、伤口也有用。

这些草本植物制作的浸泡油适用于皮肤的按摩与保养。当然，单独使用或者混合使用都有良好的效果。

使用浸泡油，除了加强功能性之外，也可以增加制皂过程中的乐趣，像用紫草浸泡油做出来的皂颜色会呈藕色，当然成皂也会因配方中所用油脂的不同而有差异。所以还是需要自己动手玩玩看，才能体会手作的乐趣。

天使妈妈的小教室

浸泡油，做料理也很美味

一般浸泡油的基底油，我们习惯用橄榄油、甜杏仁油、荷荷巴油、葵花籽油等。用浸泡油为皮肤做按摩与保养时，能有芳香、舒缓、滋润之功效，因此，浸泡油是爱美人士的爱用品。其实，浸泡油拿来做料理也很美味，比如将茶叶浸泡在橄榄油中，茶香与橄榄油香的结合也是别有一番风味。当然，也有人将有机的柠檬或者苹果晾干放入油里浸泡，这样带有果香的橄榄油用来做料理可是深受喜爱呢！

【天使妈妈小提醒】

1.制作浸泡油不建议使用新鲜植物，虽然新鲜植物的有效成分和活性成分较多，但因为新鲜的植物通常含有水分，容易使基底油酸败。而市面上以新鲜草本植物制作的浸泡油，通常由厂商以专业的制法制成，并不适我们自己在家"土法炼钢"，以免酸败，浪费材料。

2.使用保鲜膜或者塑胶带封口，可以使盖子日后在重复浸泡时较为干净，尤其是使用回收的玻璃瓶，如果酱瓶、酱菜瓶等时，能确保浸泡油的品质不受瓶盖的污染。天使妈妈在使用浸泡油时，通常每开封一次会更换一次保鲜膜，你可以依自己习惯而决定。

Angelmama*

Part 3

宠爱全家人的手工皂

米糠薯薯 /
茶籽粉万
用家事皂

米糠薯薯万用家事皂

椰子油比例高达 80% 的手工皂，具有超强的清洁力，能将油腻腻的锅碗洗干净，连污黑的抹布也能洗得"白白净净"。天然成分加上绵密的泡沫，这款皂一直以来都是我在生活中使用频率最高的手工皂，可安心取代其他家用清洁用品。

准备原料

A 油脂	重量 (g)	比例 (%)	备注
椰子油	400	80	
米糠油	100	20	
总油量	500	100	

B 碱水	重量 (g)	备注
氢氧化钠	86	
水	210	约为碱量的 2.4 倍

C 添加物	重量 (g)	备注
生红薯泥	50	亦可用马铃薯
尤加利精油	10	精油添加量可自行斟酌，约为总油量的 2%

D 手工皂特性	☆ ☆ ☆ ☆ ☆
清洁力 Cleansing	★ ★ ★ ★ ★
起泡度 Bubbly	★ ★ ★ ★ ★
保湿力 Condition	★ ★ ★ ★ ☆
稳定度 Creamy	★ ★ ★ ☆ ☆
硬度 Hardness	★ ★ ★ ★ ★
INS 值	220.4

🖐 制皂方法

step 1　**处理红薯或马铃薯**：去皮切丁。（也可将皮留下，只是会有小黑点，呈现出另一种不同的视觉效果。）

step 2　用果汁机将红薯打成泥状备用。

step 3　称取所需油脂，硬油要先隔水加热熔化，待油温稍降后再加入软油。

step 4　称取所需的碱与水后，进行溶碱。

step 5　等油温与碱液温度都降至 50 ℃以下，即可将碱液倒入油锅后开始搅拌。

step 6　先持续搅拌 15 分钟，皂液会因油碱混合而改变颜色。

step 7　静置 10 分钟，可去准备所需的添加物。

step 8　10 分钟后再搅拌至皂液变稠。将红薯泥加入皂液中，也可加入喜爱的精油！

step 9　将皂液搅拌到浓稠状态后便可以入模。

step 10　放入泡沫塑料保温箱内保温，一天后取出切皂。

step 1

step 2

step 3

step 5

step 6

step 7

step 8-1

step 8-2

step 8-3

step 9-1

step 9-2

step 10

天使妈妈的小教室

刚开始制作手工皂，我都会建议新手从家事皂开始，这款皂成功率几乎是100%！关于配方，我喜欢使用米糠油增加皂的保湿力，且价格上也较亲民，用于家事皂一点也不心疼。

马铃薯或红薯因富含淀粉能清洁油脂，但这款配皂本身清洁力就很强，就算没有添加它们效果也很显著。只是因为家里常有发芽的红薯或马铃薯，正好可拿来入皂，一点也不浪费，要注意的是不要过量添加，否则会容易使皂发霉酸败。

另外，添加了马铃薯泥或者红薯泥的皂会有沙沙的质感，那是正常的，别太担心。

换个配方也很好用！
茶籽粉万用家事皂

茶籽粉的去油力很强，用来洗碗、清洗油污很重的抽油烟机都很好。茶籽粉也有护肤、护发的功效，只是不产生泡沫，让有些人不习惯使用。这时拿来入皂正好。制作茶籽皂，若觉得清洁力太强或太弱，可在椰子油的比例上做调整，就能做出一块好用的茶籽皂啰！

准备原料

A 油脂	重量 (g)	比例 (%)	备注
椰子油	250	50	
米糠油	125	25	
橄榄油	125	25	
总油量	500	100	

B 碱水	重量 (g)	备注
氢氧化钠	78	
水	190	约为碱量的 2.4 倍

C 添加物	重量 (g)	备注
茶籽粉	25	亦可添加至 50 g，约为总油量的10%

D 手工皂特性	☆ ☆ ☆ ☆ ☆
清洁力 Cleansing	★ ★ ★ ★ ★
起泡度 Bubbly	★ ★ ★ ★ ☆
保湿力 Condition	★ ☆ ☆ ☆ ☆
稳定度 Creamy	★ ★ ☆ ☆ ☆
硬度 Hardness	★ ★ ★ ★ ★
INS 值	173.8

【贴心小提醒】

茶籽富含油酸，油酸与人体皮脂膜结构相似，所以皮肤较敏感的人，比如有富贵手的都可直接使用茶籽粉，此配方中茶籽粉的添加量设定为总油量的 10%，一般添加到 30% 都是可行的。

将配方中的茶籽粉改为黄豆粉、咖啡粉等都是可以的！这款皂除了做家事，还可洗手、洗头，清爽且温和。椰子油的比例可依肤质做以下调整：

★ 干性 0~30%　★ 中性 30% ~40%
★ 油性 40% ~50%。

52

翡翠经典马赛皂

源自欧洲，传统上含有 72% 橄榄油的皂，被称为马赛皂。富含单元不饱和脂肪酸，其中油酸比例高达 70%，因此马赛皂皂体温和，颇具亲肤性且兼有保湿力与清洁力。

准备原料

A 油脂	重量 (g)	比例 (%)	备注
椰子油	70	14	
棕榈油	70	14	
橄榄油	360	72	
总油量	500	100	

B 碱水	重量 (g)	备注
氢氧化钠	70	
水	170	约为碱量的 2.4 倍

C 添加物	重量 (g)	备注
菠菜粉	25	添加量可为总油量的 5%~10%

D 手工皂特性	☆ ☆ ☆ ☆ ☆
清洁力 Cleansing	★ ☆ ☆ ☆ ☆
起泡度 Bubbly	★ ☆ ☆ ☆ ☆
保湿力 Condition	★ ★ ★ ★ ★
稳定度 Creamy	★ ★ ★ ☆ ☆
硬度 Hardness	★ ★ ★ ☆ ☆
INS 值	134.9

制皂方法

step 1　称取所需的油脂，硬油要先隔水加热熔化，待油温稍降后再加入软油。

step 2　称取所需的碱与水后，进行溶碱。

step 3　等油温与碱液温度都降至 50 ℃以下，即可将碱液倒入油锅中搅拌。

step 4　先持续搅拌 15 分钟，皂液会因油碱混合而改变颜色。

step 5　静置 10 分钟，可准备所需的添加物。

step 6　10 分钟后再搅拌至皂液变稠。加入菠菜粉，搅拌均匀。

step 7　将皂液搅拌到浓稠状态便可以入模。

step 8　放入泡沫塑料保温箱内，1~3 天即可脱模，切皂，晾干。

step 6

step 7-1

step 7-2

天使妈妈的小教室

这款经典马赛皂，主是以 72% 的橄榄油搭配 28% 的硬油，皂体滋润，洗后也觉得清爽且保湿，适合各种肤质，尤其是敏感性及干性皮肤，所以只要掌握这个基础比例配方，就能替换不同的软、硬油，调制出从婴儿到老人都爱的无敌皂款。但请记得配方中的氢氧化钠与水的重量要重新计算！

之所以添加菠菜粉，主要是我喜欢它迷人的绿色，加上它素有"蔬菜之王"之称，不仅含有大量的铁和胡萝卜素，蛋白质的含量也不低。用来入皂，能增加皂体的清洁力，洗起来皮肤也很滋润。

由于天然色粉的颜色会随时间流逝慢慢变淡，用新鲜菠菜榨汁制成冰块取代色粉也不错。

绿茶多酚橄榄皂

未经过发酵的茶含有丰富的儿茶素和绿茶多酚，能促进血液及淋巴的循环，防止浮肿。一般来说绿茶都具有抗氧化、紧实肌肤的作用，所以常被添加于护肤产品内。

📠 准备原料

A 油脂	重量 (g)	比例 (%)	备注
绿茶粉浸泡橄榄油	400	80	
棕榈仁油	100	20	
总油量	500	100	

B 碱水	重量 (g)	备注
氢氧化钠	69	
水	170	约为碱量的 2.4 倍

C 添加物	重量 (g)	备注
山鸡椒精油	10	精油添加量可自行斟酌，约为总油量的2%

D 手工皂特性	☆ ☆ ☆ ☆ ☆
清洁力 Cleansing	★ ☆ ☆ ☆ ☆
起泡度 Bubbly	★ ☆ ☆ ☆ ☆
保湿力 Condition	★ ★ ★ ★ ★
稳定度 Creamy	★ ★ ☆ ☆ ☆
硬度 Hardness	★ ★ ★ ☆ ☆
INS 值	132.6

✋ 制皂方法

step 1　称取所需的碱与水后，先进行溶碱。待碱水降温。

step 2　称取所需的油脂，硬油要先隔水加热熔化，待油温稍降后再加入软油。

step 3　待油温与碱液温度都降至 50 ℃以下，即可油碱混合。

step 4　将碱液倒入油锅后开始搅拌。

step 5　先持续搅拌 15 分钟，让油碱充分混合。

step 1

step 2

step 3

step **6**　皂液会慢慢变色，15分钟后休息10分钟，可准备所需的添加物。

step **7**　10分钟后再搅拌至皂液表面有轻微的划痕出现。此时可添加精油。

step **8**　将皂液搅拌到浓稠状态后便可以入模。

step **9**　放入泡沫塑料保温箱内，一天后记得取出切皂。

step **10**　可盖上自己喜欢的皂章。

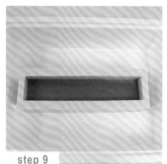

【 盖皂章的小技巧 】

通常在盖皂章时，会不知道什么时间点下手，建议在晾皂完成后手工皂含水量较低时，以吹风机吹皂的表面，使皂表面轻微软化，再做盖章的动作，这样就会盖出非常完整的图案，不怕皂章卡到皂。一般的橡皮章也适用！

天使妈妈的小教室

绿茶粉浸泡油色泽深绿，用它做出来的皂也会带有天然的绿色，这种油多少都会残留粉末，所以使用前还是先过滤，这样才不会因为粉末使配方中的油量短少从而让皂的变动性增高，导致失败。

此款皂是以比例高达 80% 的绿茶粉浸泡油为基底，搭配亲和度高的棕榈仁油制成的。此款皂具有温和的清洁力，在去角质时还能使皮肤保留湿润度，是一款全家都适合的好用的皂。若手边没有棕榈仁油，则可用椰子油加上棕榈油代替。

手工皂绑上绳子，
除了很有味道，
也很方便使用呢。

快乐鼠尾草
芝麻皂

拥有特殊气味的鼠尾草，具有减轻压力和让人产生快乐情绪的作用。用它制成的浸泡油能渗透皮肤，调整皮脂分泌，对偏油性的皮肤有消炎、抗菌及缩小毛孔的效果，搭配极具抗氧化性与滋润性的黑芝麻油，制作出的皂让皮肤洗后仍保有柔软的触感。

准备原料

A　油脂	重量 (g)	比例 (%)	备注
椰子油	90	18	
棕榈油	110	22	
橄榄油	100	20	
芝麻油	100	20	
鼠尾草浸泡甜杏仁油	100	20	
总油量	**500**	**100**	

C　添加物	重量 (g)	备注
鼠尾草精油	5	精油添加量可自行斟酌，约为总油量的2%
薰衣草精油	5	

B　碱水	重量 (g)	备注
氢氧化钠	72	
水（冰块）	170	约为碱量的 2.4 倍

D　手工皂特性	☆ ☆ ☆ ☆ ☆
清洁力 Cleansing	★ ☆ ☆ ☆ ☆
起泡度 Bubbly	★ ☆ ☆ ☆ ☆
保湿力 Condition	★ ★ ★ ★ ★
稳定度 Creamy	★ ★ ★ ☆ ☆
硬度 Hardness	★ ★ ★ ☆ ☆
INS 值	**135.7**

制皂方法

step 1　称好冰块与碱，进行溶碱。

step 2　将所需要的油脂称好，并将固体油先加热熔解为液态。

step 3　加入软油，待油温降至 50 ℃以下。

step 4　油碱混合，将碱液倒入油锅后开始搅拌。皂液会因油碱混合产生变化。

step 5　持续搅拌 15 分钟后稍停，静置 10 分钟。此时可准备所需之添加物。

step 6　10 分钟后继续搅动皂液，进入 light trace 状态（可在皂液表面划出线痕）后，
　　　　加入精油。

step 7　确定皂液到达浓 trace 状态便可入模且放入保温箱中保温。

step 2

step 4

step 6

step 7

黑盐
清爽皂

含有丰富矿物质的海盐，虽然颗粒来得粗犷一点，但有紧缩毛孔、去除老化角质的功效。重要的是它还有杀菌效果。在甜杏仁油的滋润下，这款皂洗起来非常清爽却又不干涩。很适合在春夏季节使用！

🥤 准备原料

A　油脂	重量 (g)	比例 (%)	备注
椰子油	350	70	
蓖麻油	75	15	
甜杏仁油	75	15	
总油量	**500**	**100**	

B　碱水	重量 (g)	备注
氢氧化钠	83.9	
水（冰块）	200	约为碱量的 2.4 倍

C　添加物	重量 (g)	备注
桧木精油	5	精油添加量可自行斟酌，约为总油量的 2%
温泉海盐	50	

D　手工皂特性	☆☆☆☆☆
清洁力 Cleansing	★★☆☆☆
起泡度 Bubbly	★★☆☆☆
保湿力 Condition	★☆☆☆☆
稳定度 Creamy	★★★★☆
硬度 Hardness	★★★★★
INS 值	**209.4**

✋ 制皂方法

step 1　将所需要的油脂、碱与冰块称好，固体油要先加热熔解为液态。

step 2　待油温降至 50 ℃以下，油碱混合，将碱液倒入油锅后开始搅拌。

step 3　持续搅拌 15 分钟，皂液会因油碱混合而产生变化。

step 4　15 分钟后稍停，静置 10 分钟。此时可准备所需之添加物。

step 5　10 分钟后继续搅动皂液，直至进入 light trace 状态。

step 6　将精油加入皂液并搅拌均匀。

step 2

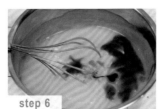
step 6

step **7**　确定皂液到达浓 trace 状态便可以加入海盐。

step **8**　入模且放入保温箱中保温。

step 7-1

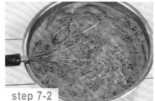
step 7-2

step 8

 天使妈妈的小教室

[制作盐皂注意事项]

手工皂中如加盐，必须将皂液打到浓稠状态才可以放盐，因为盐颗粒大且较重，如果在皂液还没达到浓稠状态就加入，盐会沉到皂液底部，当然如果盐研磨得比较细，就可以提早加入。

因为椰子油比例较高，皂体会比一般手工皂来的硬，所以可利用单模来盛装皂液以避免切皂的困扰。

如果用吐司模盛装皂液，通常在保温半天后，我就会戴手套先脱模切皂再放回保温箱保温，以免皂体太硬不好切。另外，因为添加了盐，皂体会产生水珠，别担心，擦掉就好。

关于盐皂"出汗"的问题，因添加盐种类不同而有所不同，但是脱模前一两天都会冒出较多的水珠，将皂擦干之后加上环境保持干燥就不会"出汗"了。

[桧木精油]

使人如沐浴在森林的芬芳气息中。桧木的香能稳定人心，释放压力和焦虑，并能集中注意力。桧木精油能有效愈合伤口、消肿止痛、防止细菌感染、促进血液循环。

紫苏
舒敏皂

具有独特芳香的紫苏叶本身就含有丰富的挥发性物质，如薄荷醇、紫苏醇、丁香油酚等，具有解热、舒缓、抑菌的作用。搭配清爽的蓖麻油、保湿力可渗入肌肤的鳄梨油和同样具有抑菌、镇定作用的茶树精油与薰衣草精油所制作出来的皂，对会长痘痘的油性皮肤或敏感性皮肤有缓解发痒症状的功效哟！

📋 准备原料

A 油脂	重量 (g)	比例 (%)	备注
椰子油	100	20	
棕榈油	100	20	
橄榄油	190	38	
蓖麻油	35	7	
鳄梨油	75	15	
总油量	500	100	

B 碱水	重量 (g)	备注
氢氧化钠	72	
紫苏汁（冰块）	170	约为碱量的 2.4 倍

C 添加物	重量 (g)	备注
茶树精油	5	精油添加量可自行斟酌，约为总油量的 2%
薰衣草精油	5	

D 手工皂特性	☆ ☆ ☆ ☆ ☆
清洁力 Cleansing	★ ★ ☆ ☆ ☆
起泡度 Bubbly	★ ★ ☆ ☆ ☆
保湿力 Condition	★ ★ ★ ★ ☆
稳定度 Creamy	★ ★ ★ ★ ☆
硬度 Hardness	★ ★ ★ ★ ☆
INS 值	143.5

👋 制皂方法

step 1　先将紫苏叶榨汁并滤掉渣滓，再装袋制成冰块备用。

step 2　称好所需的碱与紫苏冰块。并进行溶碱。

step 3　将油脂备好，固态油需采用隔水加热的方式熔解，待油温稍降些再加入软油。

step 4　待油温降至 50 ℃以下，即可进行油碱混合。

step 5　先持续搅拌 15 分钟。皂液会因油碱混合而逐渐变化。

step 1

step 2

step 4

step **6**   搅拌 15 分钟后，静置 10 分钟。准备所需的添加物。

step **7**   10 分钟后再继续搅拌，查看皂液是否进入 light trace 状态。

step **8**   加入所需茶树精油并搅拌皂液。

step **9**   确定皂液到达 trace 状态后便可入模且放入保温箱保温。

step 8

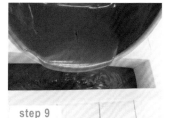

step 9

天使妈妈的小教室

自封袋是分装蔬果汁的好工具，通常天使妈妈会将称量好的蔬果汁放入自封袋，再放入冰箱冷冻室保存，做皂时直接将冰块从自封袋中取出就好了!!
建议将蔬果汁放入自封袋前先用记号笔在袋上写好盛装物的名称，这样就不会因为时间久而忘记里头装的是什么了!

紫草
鳄梨皂

紫草根具有很好的抗菌、修复、收敛、活血消肿等功效。同时对舒缓蚊虫叮咬带来的不适感，尤其是湿疹等皮肤问题都有不错的效果。这款皂添加了鳄梨油和乳木果油，除了加强硬度外，对皮肤也有包覆的滋润作用，很适合冬天使用。

📋 准备原料

A　油脂	重量 (g)	比例 (%)	备注
紫草浸泡橄榄油	175	35	
椰子油	75	15	
棕榈油	100	20	
鳄梨油	100	20	
乳木果油	50	10	
总油量	**500**	**100**	

B　碱水	重量 (g)	备注
氢氧化钠	71	
水	170	约为碱量的 2.4 倍

C　添加物	重量 (g)	备注
薰衣草精油	10	精油添加量可自行斟酌，约为总油量的 2%

D　手工皂特性	☆ ☆ ☆ ☆ ☆
清洁力 Cleansing	★ ☆ ☆ ☆ ☆
起泡度 Bubbly	★ ☆ ☆ ☆ ☆
保湿力 Condition	★ ★ ★ ★ ★
稳定度 Creamy	★ ★ ★ ☆ ☆
硬度 Hardness	★ ★ ★ ☆ ☆
INS 值	137.3

👋 制皂方法

step **1**　将紫草浸泡油过滤后，称好所需的碱与油脂。

step **2**　将固体油加热熔解为液态。

step **3**　待油温降至 50 ℃以下。

step **4**　将碱液倒入油锅中，开始搅拌。

step **5**　油与碱混合后，持续搅拌 15 分钟，皂液会因油碱混合而呈蓝紫色。

step 1

step 2

step 4-1

step 4-2

step **6**   15 分钟之后静置 10 分钟。

step **7**   10 分钟之后再搅打，如皂液开始变浓稠（light trace），可调入精油。

step **8**   确定皂液到达 trace 状态之后便可以入模且放入保温箱保温。

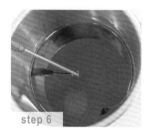
step 6

step 7

step 8

【天使妈妈小提醒】

用紫草浸泡出来的油呈紫色。该油在
制作过程中会散发出一股紫草味，这
是正常的，用它制作出来的皂也会因
浸泡时间长短不同而有所不同。此手
工皂所用的紫草浸泡油约浸泡一年，
制作出的皂呈深蓝紫色，如果浸泡时
间较短，则会呈淡藕色。

浸泡较久的紫草油，
做出来的皂黑得很有
特色。

阿勒坡绿宝皂

这是一款从古老的叙利亚流传下来的，以月桂果油搭配橄榄油所制作出的拥有完美油脂比例的手工皂，其泡沫温和细密，在亲肤性与滋润度都很强的前提下，对改善皮肤问题尤其有效，加上皂体会散发出自然的清香，更有助于舒展身心与缓解压力。

📋 准备原料

A 油脂	重量 (g)	比例 (%)	备注
棕榈油	100	20	
椰子油	75	15	
橄榄油	225	45	
月桂果油	100	20	
总油量	500	100	

B 碱水	重量 (g)	备注
氢氧化钠	71	
水（冰块）	170	约为碱量的 2.4 倍

C 添加物	重量 (g)	备注
乳香精油	5	精油添加量可自行
岩兰草精油	5	斟酌，约为总油量 的 2%

D 手工皂特性	☆ ☆ ☆ ☆ ☆
清洁力 Cleansing	★ ★ ☆ ☆ ☆
起泡度 Bubbly	★ ★ ☆ ☆ ☆
保湿力 Condition	★ ★ ★ ★ ★
稳定度 Creamy	★ ★ ★ ★ ☆
硬度 Hardness	★ ★ ★ ☆ ☆
INS 值	132.8

👆 制皂方法

step **1**　称好冰块与碱，进行溶碱。

step **2**　将所需的油脂称好，并将固体油先加热熔解为液态。

step **3**　加入软油，待油温降至 50 ℃以下，进行油碱混合。

step **4**　持续搅拌 15 分钟，皂液会因油碱混合而产生变化。

step **5**　15 分钟后稍停，静置 10 分钟。此时可准备所需之添加物。

step **6**　10 分钟后继续搅动皂液，并查看是否进入 light trace 状态。

step 3

step 4

step **7**   加入所需精油并搅拌均匀。

step **8**   确定皂液到达浓 trace 状态之后便可入模且放入保温箱保温。

step 7

step 8

天使妈妈的小教室

很多人误以为月桂油都是以月桂叶浸渍而来的，这误会可大了，这里使用的就是用月桂的果浆压榨而出的月桂果油，因为未精制，所含不皂化物较多，trace 速度较快，要注意打皂时温度不可以太高，就算冷油冷碱也没关系，这样打皂时才不会慌乱。

添加高比例的月桂果油后可以试试不添加精油，也许你会喜爱月桂果油浓浓的药草味，事实上大多数人都喜爱这种天然草本的味道。

入夏西瓜凉肤皂

一款夏日专用的凉爽皂，利用夏天盛产的新鲜西瓜榨汁，然后冻成冰砖拿来入皂，享受清爽的洗感。新鲜西瓜皮含有丰富的瓜氨酸，能使血管放松，有清热、消水肿的作用，搭配渗透力强且含多种抗氧化物质的葡萄籽油与能舒爽肌肤的薄荷脑，所制成的手工皂可是清爽又温和哟，帮肌肤凉一下！

📖 准备原料

A 油脂	重量 (g)	比例 (%)	备注
椰子油	100	20	
棕榈油	100	20	
橄榄油	250	50	
葡萄籽油	50	10	
总油量	500	100	

B 碱水	重量 (g)	备注
氢氧化钠	72	
西瓜皮汁（冰砖）	170	约为碱量的 2.4 倍

C 添加物	重量 (g)	备注
薄荷脑	15	
法国粉红矿泥粉	10	
佛手柑精油	4	精油添加量可自行斟酌，约为总油量的 2%
山鸡椒精油	3	
欧薄荷精油	3	

D 手工皂特性	☆ ☆ ☆ ☆ ☆
清洁力 Cleansing	★ ★ ☆ ☆ ☆
起泡度 Bubbly	★ ★ ☆ ☆ ☆
保湿力 Condition	★ ★ ★ ★ ☆
稳定度 Creamy	★ ★ ★ ☆ ☆
硬度 Hardness	★ ★ ★ ★ ☆
INS 值	141.7

✋ 制皂方法

[制作西瓜皮汁冰砖]

step 1　取西瓜白色皮，连带少量红色果肉榨汁。

step 2　用滤布滤出无渣的西瓜皮汁。

step 3　将西瓜皮汁放入制冰盒内，制成冰砖。

step 1

step 2

step 3

[制作手工皂]

step **1**　取所需的碱与西瓜皮汁冰砖，进行溶碱。

step **2**　取所需的油脂，硬油要先隔水加热熔化，待油温稍降再加入软油。

step **3**　待油温降至 50 ℃以下，倒入薄荷脑拌匀。

step **4**　再将法国粉红矿泥粉倒入油中搅拌均匀。

step **5**　以冰砖溶碱后碱液温度会比较低，但不需再加热即可与油混合。

step **6**　先持续搅拌 15 分钟，让皂液混合。皂液会慢慢变色。

step **7**　静置 10 分钟，此时可准备所需的精油。

step **8**　10 分钟后继续搅拌至皂液表面可出现轻微的划痕。此时可倒入精油。

step **9**　继续搅拌到皂液呈浓稠状，便可入模。

step **10**　将皂液放入泡沫塑料保温箱内，1~2 天后记得取出切皂。

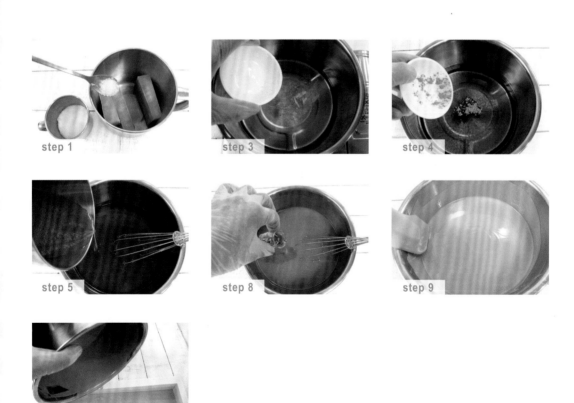

天使妈妈的小教室

此款皂的配方中有薄荷脑，需要将薄荷脑加入热油中进行熔解。此步骤可在熔固体油时一起进行。若不喜欢太有凉爽感，就不要放薄荷脑了。

清新、醒脑的薄荷味
能缓解夏天的烦躁哟。

芦荟榛果
保湿皂

炎炎夏日，皮肤很容易因日晒而流失水分，而具有消炎、止痛、镇静与调节皮脂分泌功效的芦荟，其亲肤性与保湿力极强，搭配能提供高效深层保湿的榛果油以及泡沫绵密的乳木果油，做出来的皂可是能同时滋润皮肤与强化皮肤锁水力的哟。

📋 准备原料

A 油脂	重量 (g)	比例 (%)	备注
榛果油	165	33	
乳木果油	100	20	
棕榈油	100	20	
椰子油	100	20	
蓖麻油	35	7	
总油量	500	100	

B 碱水	重量 (g)	备注
氢氧化钠	72	
芦荟汁（冰块）	175	约为碱量的 2.4 倍

C 添加物	重量 (g)	备注
迷迭香精油	3	精油添加量可自行斟酌，约为总油量的 2%
雪松精油	2	
安息香精油	2	
白千层精油	3	

D 手工皂特性	☆☆☆☆☆
清洁力 Cleansing	★☆☆☆☆
起泡度 Bubbly	★☆☆☆☆
保湿力 Condition	★★★★★
稳定度 Creamy	★★☆☆☆
硬度 Hardness	★★★★☆
INS 值	141.5

👐 制皂方法

step **1** 用称好的芦荟汁冰块与碱，进行溶碱。

step **2** 将所需要的油脂称好，并将固体油先加热熔解为液态。

step **3** 加入软油，待油温降至 50 ℃以下。

step **4** 油碱混合，将碱液倒入油锅后开始搅拌。

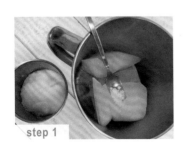
step 1

step 2

step 4

step **5**   持续搅拌 15 分钟，皂液会因油碱混合而产生变化。

step **6**   15 分钟后，静置 10 分钟。此时可准备所需之添加物。

step **7**   10 分钟后继续搅动皂液，并查看是否进入 light trace 状态。

step **8**   加入所需精油并搅拌皂液。

step **9**   确定皂液到达浓 trace 状态之后便可入模且放入保温箱保温。

step 8

step 9-1

step 9-2

【芦荟的处理】

1. 先将芦荟洗净，切掉叶片根部。

2. 芦荟叶片两侧有刺，可先用削皮刀将刺去除，以免去皮时被刺到。

3. 将芦荟切段去皮，取出叶肉。

4. 去皮后的叶肉呈半透明状，可以直接放入搅拌式果汁机打成汁，打完之后会有很多泡沫。

5. 打芦荟汁时会产生绵密的泡沫，需等泡沫消退后再分装、称好，放入冰箱冷冻室。

天使妈妈的小教室

打好的芦荟汁不需要过滤，但其他的，像香草叶、菜类与水果的渣太多，就必须过滤，因为不过滤的话，成皂很容易因含水量过高而增加酸败概率。

四季平安乳皂

这是一款家中有小宝宝必备的安心皂。皂液中添加了用艾草、抹草、芙蓉和香茅混合出来的平安粉，其散发出的青草味能稳定情绪，具有防蚊虫等作用。而含有脂质的牛奶让皂体多了一份滋润感，加上甜杏仁油，这款皂能滋养干燥易发痒的皮肤，也多一层呵护！

📋 准备原料

A 油脂	重量 (g)	比例 (%)	备注
椰子油	40	8	
棕榈油	100	20	
橄榄油	185	37	
甜杏仁油	75	15	
乳木果油	100	20	
总油量	500	100	

B 碱水	重量 (g)	备注
氢氧化钠	69	
水	100	约为碱量的 2.4 倍
牛奶	65	

C 添加物	重量 (g)	备注
平安粉	25	

D 手工皂特性	☆☆☆☆☆
清洁力 Cleansing	★☆☆☆☆
起泡度 Bubbly	★★☆☆☆
保湿力 Condition	★★★★★
稳定度 Creamy	★★★☆☆
硬度 Hardness	★★☆☆☆
INS 值	127.7

✋ 制皂方法

step 1　称好所需的碱与水，并进行溶碱。称油过程中让碱液隔水降温。

step 2　将所需油脂称好，固体油可先以温水加热熔为液态油，之后，加入软油。

step 3　先将平安粉倒入油中搅拌均匀。

step 4　等待油温与碱水温度降至 50 ℃以下，即可油碱混合。

step 1

step 3

step 4

step 5　将油碱搅拌均匀后，加入牛奶，再持续搅拌 15 分钟。

step 6　皂液颜色因为油碱混合会产生变化。15 分钟后，静置 10 分钟。

step 7　继续搅拌，此时可选择添加或不添加精油。

step 8　确定皂液到达 trace 状态便可入模且放入保温箱保温。

step 5-1

step 5-2

step 8

天使妈妈的小教室

此配方因直接添加牛奶，所以把溶碱的水量减少，若其他配方也想添加牛奶，先以碱量的 2.4 倍算出总水量，再以碱量的 1.5 倍来计算溶碱所需的水量，总水量减掉溶碱的水量，剩余部分用牛奶补足即可。

以此款四季平安乳皂为例：

69 g×2.4=165.6 g

69 g×1.5=103.5 g（水取 100 g）

165.6 g–100 g=65.6 g（牛奶取 65 g）

棕榈油、椰子油与乳木果油在冬天时会凝固，可以先称好这些硬油，将它们一起加热成液态后再加入软油，以免一起加热导致温度过高而再次降温，这样可以节省很多时间！

Part 4

炫技的手工皂

活力澳洲胡桃皂

100% 以清爽的澳洲胡桃油制皂时，会散发出浓浓的坚果香，闻起来舒服，洗感也很好，洗脸、洗头都适用。未精制澳洲胡桃油含有大量的棕榈油酸，而棕榈油酸可帮助皮肤细胞再生，有利于伤口或湿疹皮肤的修复，也非常适合较干燥或敏感性的皮肤。

📠 准备原料

A 油脂	重量 (g)	比例 (%)	备注
未精制澳洲胡桃油	500	100	
总油量	500	100	

B 碱水	重量 (g)	备注
氢氧化钠	69	
水	165	约为碱量的 2.4 倍

C 添加物	重量 (g)	备注
皂边	适量	可自行斟酌

D 手工皂特性	☆ ☆ ☆ ☆ ☆
清洁力 Cleansing	★ ☆ ☆ ☆ ☆
起泡度 Bubbly	☆ ☆ ☆ ☆ ☆
保湿力 Condition	★ ★ ★ ★ ★
稳定度 Creamy	★ ★ ☆ ☆ ☆
硬度 Hardness	★ ☆ ☆ ☆ ☆
INS 值	119

【事前准备】
● 收集皂边

👉 制皂方法

step **1**　称取所需的碱与水后，进行溶碱。等待碱液降温。

step **2**　称取所需的油脂，将固体油以隔水加热法先熔解，然后倒入软油。

step **3**　等待油温与碱液温度都降至 35~40 ℃，即可油碱混合。

step **4**　将碱液倒入油锅后开始搅拌。

step **5**　先持续搅拌 15 分钟，让油碱混合。

step **6**　皂液会慢慢变色，15 分钟后静置 10 分钟，此时可准备所需的添加物。

step 4

step 5

[填皂技法]

step **7**   10 分钟后继续搅拌皂液至表面有划痕出现，可调入精油。

step **8**   准备好已切好大小的皂边。

step **9**   将皂液倒入吐司模，约 7 分满。

step **10**   开始插入皂边。

step **11**   依序将皂边排列整齐，插满皂模。

step **12**   使用汤匙舀皂液，慢慢倒入皂模，覆盖皂边。

step **13**   皂液覆盖住皂边后，拿起皂模，轻轻敲打，使皂液平整。

step **14**   将皂模放入泡沫塑料保温箱，一天后取出切皂。

step 8

step 9

step 10

step 11-1

step 11-2

step 12

step 13

step 14

【 天使妈妈小提醒 】

可以将平常切皂留下来的皂边保存起来，放在通风处备用。此款皂因为没有再混合其他油脂，整体上洗感柔和些，我特意在皂里加了之前留下来的皂边，不仅可以让皂多点变化，也让皂体更坚实一点！只是皂边的添加比例不宜太高。

这款皂保湿力很强，但清洁力与起泡度可能较弱，在配方上可以自行稍作调整。但记得一旦调整油脂，配方中各材料的重量要重新计算哟！

让每块手工皂都充满随兴的艺术感！

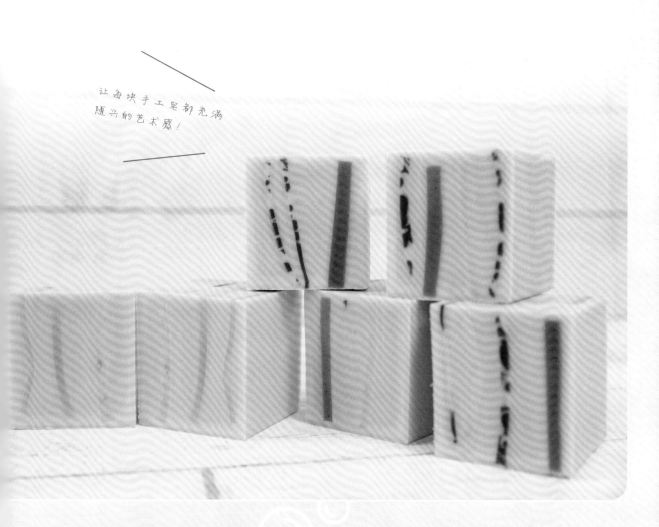

苦茶胚芽
燕麦皂

具有高度保湿、修护与去角质功能。主要添加燕麦、极具滋润效果的小麦胚芽油与苦茶油，在备长炭粉的深层清洁下，这款皂还有保水的功能。此皂以分层技法结合同心圆技法制成，皂体多了几分层次感。

📋 准备原料

A 油脂	重量 (g)	比例 (%)	备注
椰子油	150	15	
棕榈油	200	20	
苦茶油	500	50	
蓖麻油	70	7	
小麦胚芽油	80	8	
总油量	1000	100	

B 碱水	重量 (g)	备注
氢氧化钠	143	
水	345	约为碱量的 2.4 倍

D 手工皂特性	☆ ☆ ☆ ☆ ☆
清洁力 Cleansing	★ ☆ ☆ ☆ ☆
起泡度 Bubbly	★ ★ ☆ ☆ ☆
保湿力 Condition	★ ★ ★ ★ ★
稳定度 Creamy	★ ★ ★ ★ ☆
硬度 Hardness	★ ★ ★ ★ ☆
INS 值	143

C 添加物	重量 (g)	备注
燕麦	20	
洛神花粉	20	
备长炭粉	5	
山鸡椒精油	4	精油添加量可自行斟酌，约为总油量的 2%
薰衣草精油	15	
洋甘菊精油	1	

【准备工具】
- 皂模 18 cm × 24 cm × 6 cm
- 3 只量杯

✋ 制皂方法

step 1　先将皂液混合搅打，再加入精油搅拌均匀。

step 2　搅拌均匀之后，将皂液平分成两份 (A 锅、B 锅)。

step 3　在 A 锅中加入燕麦，搅拌均匀。

step 1

step 2

step 3

step **4**　将洛神花粉加入拌好燕麦的皂液，给 A 锅中的皂液调色。

step **5**　可利用手持式搅拌器打皂约 1 分钟。注意不要打太久，也不要直接打到浓 trace 状态。

step **6**　打到 light trace 状态后改为手动搅拌。皂液入模后，可敲敲皂模使皂液平整。

step **7**　约等 10 钟后抬起皂模一侧，若皂液已凝结即可准备倒入下一层皂液，如有流动则需再等会。

step **8**　将 B 锅中的皂液分别倒入 C、D 两锅。C 锅盛装 2/3 的皂液。D 锅盛装 1/3 的皂液。

step **9**　D 锅加入备长炭粉并搅拌均匀。

step **10**　将 C 锅一半的皂液用汤匙舀至 step7 中已凝结的皂液表面上。

step **11**　倒入皂液后也敲一敲皂模使皂液表面平整，接下来准备拉花。

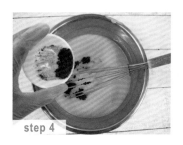
step 4

step 5

step 6

step 7

step 8-1

step 8-2

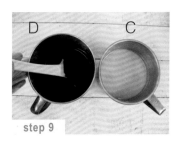
step 9

step 10

step 11

✿ 拉花技巧

step **1**　用汤匙将 D 锅的一部分皂液舀入皂模，加了备长炭粉的皂液会呈圆形慢慢散开。

step **2**　均匀分配，形成 6 个圆（如图）。

step **3**　接下来取 C 锅皂液如图浇在备长炭皂液上，此时备长炭皂液会被慢慢推开、变大。

step **4**　按以上步骤依序将 C 锅与 D 锅中剩余的皂液舀入皂模。

step **5**　按以上步骤在 6 个圆形间交错画圆，直到皂液倒完为止。

step **6**　将皂模放入保温箱保温。

step 1

step 2

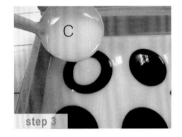

step 3

step 4-1

step 4-2

step 5-1

step 5-2

step 5-3

榛果香橙宝贝皂

含有大量胡萝卜素与天然维生素 E 的红棕榈油，搭配滋润性与保湿力极强的榛果油与清爽的蓖麻油，再调入有助睡眠、改善焦虑状态、平衡油脂、改善问题皮肤的精油，就制成稳定性好，适合宝贝幼嫩肤质的皂了，这款皂对有小痘痘的问题皮肤也有改善作用哟！

🧮 准备原料

A 油脂	重量 (g)	比例 (%)	备注
椰子油	40	8	
红棕榈油	125	25	
蓖麻油	35	7	
榛果油	300	60	
总油量	**500**	**100**	

B 碱水	重量 (g)	备注
氢氧化钠	71	
水（冰块）	170	约为碱量的 2.4 倍

C 添加物	重量 (g)	备注
甜橙精油	5	精油添加量可自行斟酌，约为总油量的 2%
洋甘菊精油	3	
安息香精油	2	
备长炭粉	7	

D 手工皂特性	☆ ☆ ☆ ☆ ☆
清洁力 Cleansing	★ ☆ ☆ ☆ ☆
起泡度 Bubbly	★ ★ ☆ ☆ ☆
保湿力 Condition	★ ★ ★ ★ ★
稳定度 Creamy	★ ★ ★ ★ ☆
硬度 Hardness	★ ★ ☆ ☆ ☆
INS 值	121.4

✋ 制皂方法

step **1**　将称好的冰块与碱，进行溶碱。

step **2**　将所需的油脂称好，并将固体油先加热熔解为液态。

step **3**　加入软油，待油温降至 50 ℃以下。

step **4**　油碱混合，将碱液倒入油锅后开始搅拌。

step **5**　持续搅拌 15 分钟，皂液会因油碱混合而产生变化。

step **6**　15 分钟后，静置 10 分钟。此时可准备所需之添加物。

step **7**　10 分钟后继续搅动皂液，直至皂液进入 light trace 状态。

step **8**　加入所需精油并搅拌均匀。

step 2

step 4

step 5

step 6

✿ 拉花技巧

step **1**　将皂液平分，倒入两锅，其中一锅加上备长炭粉并搅拌均匀。

step **2**　将皂模放在皂液旁边，这样会方便操作。

step **3**　舀一汤匙原色皂液，由左至右浇入皂模。

step **4**　舀一汤匙备长炭皂液，由左至右浇入皂模，与原色皂液混合也没关系。

step **5**　将皂液由左至右细细地浇进去。

step **6**　依序重复浇入两色皂液直至皂液全部入模。

step **7**　放入保温箱保温 1~2 天。

step 1-1

step 1-2

step 2

step 3

step 4

step 5

step 6

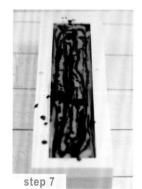
step 7

月见草
金盏皂

月见草，因花朵盛开于夜间而得名。月见草油在护肤方面也有着美丽的传说，它和金盏花浸泡油一样，对敏感性皮肤有舒缓作用。这款皂加入了分子细小的乳木果油与浸泡过金盏花的橄榄油，洗感清爽不油腻还能锁水保湿。

A　油脂	重量 (g)	比例 (%)	备注
椰子油	150	15	
棕榈油	200	20	
金盏花浸泡橄榄油	380	38	
乳木果油	200	20	
月见草油	70	7	
总油量	1000	100	

B　碱水	重量 (g)	备注
氢氧化钠	141	
水（冰块）	340	约为碱量的 2.4 倍

D　手工皂特性	☆ ☆ ☆ ☆ ☆
清洁力 Cleansing	★ ☆ ☆ ☆ ☆
起泡度 Bubbly	★ ★ ☆ ☆ ☆
保湿力 Condition	★ ★ ★ ★ ★
稳定度 Creamy	★ ★ ★ ★ ☆
硬度 Hardness	★ ★ ★ ☆ ☆
INS 值	134.4

C　添加物	重量 (g)	备注
金盏花粉	10	
备长炭粉	5	
二氧化钛粉	1	加水调匀
雪松精油	3	精油添加量可自行斟酌，约为总油量的 2%
白千层精油	7	
薰衣草精油	10	

制皂方法

step **1**　将称好的冰块与碱，进行溶碱。

step **2**　称取所需油脂，并将乳木果油等硬油加热熔解为液态。

step **3**　加入软油，待油温降至 50 ℃以下。

step **4**　以基本打皂法将皂液充分搅打混合后，加入金盏花粉搅匀。将皂液打至 light trace 状态。

step 4-1

step 4-2

step 4-3

❀ 拉花技巧

step **1** 先取 3 只杯子，将色粉分别放入杯中。

step **2** 每杯各取约 30 mL 皂液，搅拌均匀。

step **3** 再各添加 120 g 皂液，搅拌均匀。

step **4** 取皂模，先向模中倒入一层打好的皂液。

step **5** 接着用调有金盏花粉的皂液在皂模内画直线条。(如图)

step **6** 再依序用备长炭皂液与二氧化钛皂液均匀画直线条，之后轻轻敲一敲皂模。

step **7** 使用玻璃搅拌棒或温度计由左上往下开始拉线。搅拌棒伸至皂液底部，拉线时搅拌棒不离开皂液，拉出的线间隔不要太大。

step 1

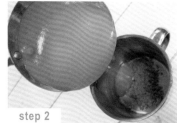
step 2

step 3

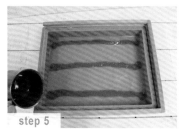
step 5

step 6

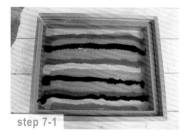
step 7-1

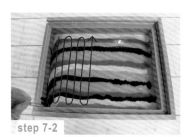
step 7-2

step 7-3

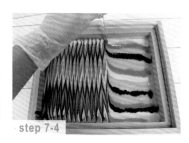
step 7-4

step **8**   拉完线后，再沿着皂模四壁划一圈。

step **9**   由左至右划 S 形线条，再由右至左划 S 形线条。

step **10**   搅拌棒不要离开皂液，再沿皂模四壁划两圈，至角落处将搅拌棒慢慢提起即可。

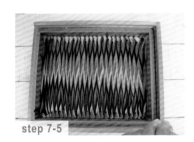
step 7-5

step 8

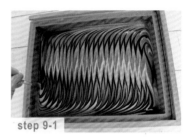
step 9-1

step 9-2

step 9-3

step 9-4

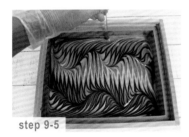
step 9-5

step 10

天使妈妈的小教室

二氧化钛粉须加少许水调匀，比例为
1:1，即 1g 二氧化钛粉约兑 1g 水。

山茶花
全效护发皂

素有东方橄榄油之称的山茶花油，有着清爽的洗感，具有润发、护发的功能。这款有着华丽花纹的渲染皂是利用皂模 4 个对称的角拉出漂亮的、如飘在云端的羽毛形线条。这款作品可洗脸、洗头、洗澡，是实用又美丽的手工皂。

📋 准备原料

A 油脂	重量 (g)	比例 (%)	备注
椰子油	200	20	
棕榈油	200	20	
山茶花油	500	50	
乳木果油	100	10	
总油量	**1000**	**100**	

B 碱水	重量 (g)	备注
氢氧化钠	144	
水	350	约为碱量的 2.4 倍

C 添加物	重量 (g)	备注
玫瑰天竺葵精油	15	精油添加量可自行斟酌, 约为总油量的 2%
大黄粉	15	调底色用
可可粉	10	
橘色色粉	0.25	
鹅黄色色粉	0.25	
紫色色粉	0.25	

D 手工皂特性	☆☆☆☆☆
清洁力 Cleansing	★☆☆☆☆
起泡度 Bubbly	★★☆☆☆
保湿力 Condition	★★★★☆
稳定度 Creamy	★★★☆☆
硬度 Hardness	★★★★☆
INS 值	**146.2**

【准备工具】
● 皂模 18 cm × 24 cm × 6 cm
● 4 只量杯

🤚 制皂方法

step 1　将油与碱液的温度控制在 45 ℃以下, 将碱液倒入油锅里搅拌均匀。

step 2　先制作主体皂液。把皂液搅拌均匀后, 将大黄粉与精油加入锅中, 将色粉与精油搅匀并持续搅拌皂液。

step 3　制作渲染皂液。准备 4 只量杯, 分别加入可可粉、橘色色粉、鹅黄色色粉与紫色色粉。

step 4　主体皂液达到 light trace 状态后便将一部分均匀倒入 4 只量杯中, 每杯约 250 mL。

step 5　将剩余的主体皂液倒入皂模中打底。

step 6　接着, 以皂模 4 个角为圆心将量杯中的皂液缓缓倒入皂模中。

step 7　利用对称的概念将四色皂液都倒完。

   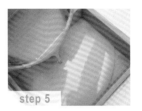

step **8** 将搅拌棒插入皂液底部，从图中 1 处开始划对称的弧形，直到 2 处，角落的皂液形成心形图案。之后，将搅拌棒取出。

step **9** 3 处跟 4 处以同样方式划线。

step **10** 重复 step8、9，再划出 4 条弧线。

step **11**   接着从 1 处至 4 处对向划线。沿皂模边划。

step **12**   另一侧也由 3 处至 2 处对向划线。

step **13**   接着从 3、4 两处开始将图案拉出叶形尖端，注意此处划出的线条必须在小弧形的中部。

step **14**   重复 step12、13，再分别划出 4 条线。

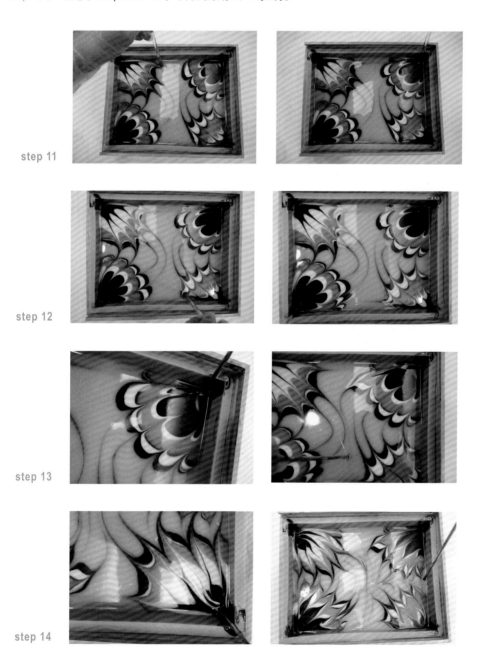

step 11

step 12

step 13

step 14

（注：图片颜色与配方不同，图片特别使用对比性强的颜色来作示范，以突显线条，方便参照。）

天使妈妈的小教室

划线的工具可以使用温度计、玻璃搅拌棒、筷子等长条形的物品。

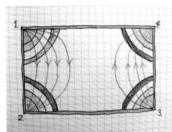 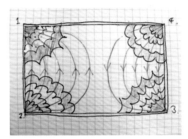

流畅的线条，
是一场华丽的演绎。

开心香蜂木纹皂

让线条层层堆叠，形成如木纹般的花纹。慢慢地让层次增加，纹理会更细腻。而带着柠檬清香的香蜂草从古时候起即被认为具有赶走悲伤、让心灵快乐的魔力。

📖 准备原料

A 油脂	重量 (g)	比例 (%)	备注
香蜂草浸泡橄榄油	300	30	
可可脂	200	20	
椰子油	100	10	
棕榈油	100	10	
开心果油	300	30	
总油量	1000	100	

C 添加物	重量 (g)	备注
香蜂草精油	10	精油添加量可自行斟酌，约为总油量的2%
苦橙叶精油	10	
姜黄粉	10	打底用
备长炭粉	5	第一杯
姜黄粉	5	第二杯
茶树粉	10	第三杯

B 碱水	重量 (g)	备注
氢氧化钠	139	
水（冰块）	340	约为碱量的 2.4 倍

D 手工皂特性	☆ ☆ ☆ ☆ ☆
清洁力 Cleansing	★ ☆ ☆ ☆ ☆
起泡度 Bubbly	★ ☆ ☆ ☆ ☆
保湿力 Condition	★ ★ ★ ★ ★
稳定度 Creamy	★ ★ ★ ☆ ☆
硬度 Hardness	★ ★ ★ ☆ ☆
INS 值	132

【准备工具】
- 皂模 18 cm × 24 cm × 6 cm
- 3 只量杯
- 1~2 个纸碗

✋ 制皂方法

step **1**　将称好的冰块与碱，进行溶碱。

step **2**　称取所需油脂，并将固体油加热熔解为液态。

step **3**　加入软油，待油温降至 50 ℃以下。

step **4**　依基本打皂法加入姜黄粉做出打底用的皂液。

step 2

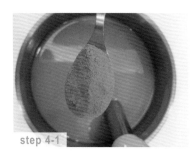
step 4-1

step 4-2

step **1**　从打好的皂液中舀出少量皂液，放入 3 只量杯，分别调入配方中的色粉后搅匀。

step **2**　再将每杯皂液各调入 200 g 的打底皂液，搅匀。

step **3**　准备阔口的纸碗，折出一个尖嘴。

step **4**　舀一汤匙打底皂液，倒在阔口纸碗中。

step **5**　将三色皂液分别倒在打底皂液上，再用汤匙稍作搅拌。

step **6**　以直线方式层层堆叠将皂液浇入皂模。浇满后，敲一敲皂模，使皂液表面平整。

step **7**　利用汤匙的尾端在皂液上划 2~3 条类似木纹的线条。完成。

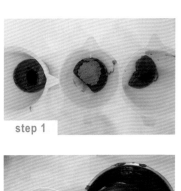

step 1

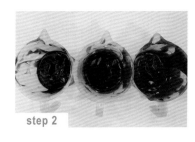

step 2

step 3

step 4

step 5-1

step 5-2

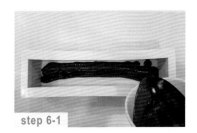

step 6-1

step 6-2

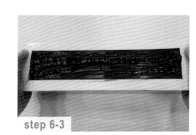

step 6-3

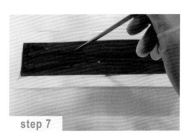

step 7

香蜂草浸泡橄榄油

这款浸泡油充分释放出香蜂草的菁华，也可以拿来炒菜增加风味。

爱的旋涡
婚礼皂

爱情来得静悄悄，但不知不觉就渲染开来。利用同心圆的方式将圆形慢慢扩大，也意味着爱的无限延伸。重点在于皂液的浓度，不能太过浓稠，不然皂液会呈现坨状，就不易形成自然的流动线条了。

📖 准备原料

A 油脂	重量 (g)	比例 (%)	备注
椰子油	150	15	
棕榈油	200	20	
橄榄油	400	40	
蓖麻油	70	7	
米糠油	180	18	
总油量	1000	100	

B 碱水	重量 (g)	备注
氢氧化钠	141	
水	340	约为碱量的 2.4 倍

C 添加物	重量 (g)	备注
橘色色粉	0.25	请自行调整颜色深浅
桃紫色色粉	0.25	请自行调整颜色深浅
玫瑰香精	5	

D 手工皂特性	☆ ☆ ☆ ☆ ☆
清洁力 Cleansing	★ ☆ ☆ ☆ ☆
起泡度 Bubbly	★ ★ ☆ ☆ ☆
保湿力 Condition	★ ★ ★ ★ ☆
稳定度 Creamy	★ ★ ★ ☆ ☆
硬度 Hardness	★ ★ ★ ☆ ☆
INS 值	130.5

【准备工具】
- 皂模 12 cm × 12 cm × 15 cm
- 3 只量杯

✋ 制皂方法

可依基本打皂法，将打底皂液搅打至 light trace 状态。

❀ 拉花技巧

step **1**　将皂液打好之后，平分至 3 只量杯中并分别加入添加物。

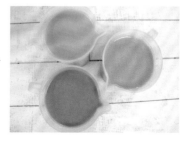

step 2　按橘色、原色、桃紫色的顺序以同心圆方式将皂液倒入皂模。

step 3　一次约倒 50 g，可自行调整倒入的量。皂液较浓稠时，可以将皂模摇一摇，
　　　　让皂液自然摊平。

step 4　所有皂液倒完之后在皂模外壁敲一下，使皂液表面平整。

step 2-1

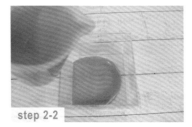
step 2-2

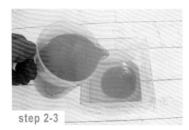
step 2-3

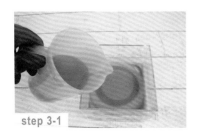
step 3-1

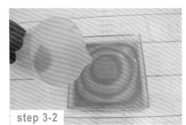
step 3-2

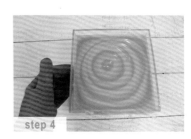
step 4

天使妈妈的小教室

皂模大小、深度的影响：

不同容器有不同效果，深度较浅的皂模呈现出来
的线条较少，这时可以将皂对剖，就会出现较多
的纹路。

添加香精有时会使皂液加速皂化，可先询问商家该
款香精是否会加速皂化。若是会加速皂化的香精，可搭配精油减缓皂化速度。

切皂方式：

脱模后的渲染皂会因切皂方
向不同而产生不同的花纹。

皂模较深时，皂也较厚，可
以先将皂横切开，再竖切成
块状。

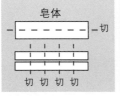

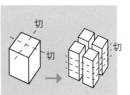

也可用模具将手
工皂压出喜欢的
形状。

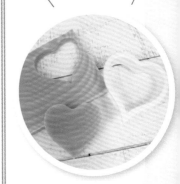

也可以将皂切成大块后，再进行棋盘式切割。两种方法不妨都试试，切出来的
皂表面会出现美丽的线条，因为每块皂的线条都不一样，所以感觉也不同。

阳光可可雕花皂

呈鲜明亮丽的橘红色的棕榈油在向日葵花的衬托下散发出金色阳光般的温暖气息。搭配以滋润性很强的可可脂与可可粉，这款皂不仅能发挥出对皮肤的柔化作用，还具有淡淡的甜可可香，让洗感更加优越。

📋 准备原料

A　油脂	重量 (g)	比例 (%)	备注
椰子油	150	15	
红棕榈油	200	20	
葵花籽油	100	10	
橄榄油	400	40	
可可脂	150	15	
总油量	**1000**	**100**	

B　碱水	重量 (g)	备注
氢氧化钠	143	
水 A	245	分成 2 杯
水 B	100	

C　添加物	重量 (g)	备注
无糖可可粉	35	
罗勒精油	3	精油添加量可自行斟酌，约为总油量的 2%
柠檬精油	5	
薰衣草精油	10	
雪松精油	2	

D　手工皂特性	☆ ☆ ☆ ☆ ☆
清洁力 Cleansing	★ ☆ ☆ ☆ ☆
起泡度 Bubbly	★ ☆ ☆ ☆ ☆
保湿力 Condition	★ ★ ★ ★ ★
稳定度 Creamy	★ ★ ★ ☆ ☆
硬度 Hardness	★ ★ ★ ★ ☆
INS 值	**142**

【准备工具】

● 皂模 18 cm × 24 cm × 6 cm
● 1 只大量杯
● 2 只小量杯
● 雕刻刀

✍ 制皂方法

step **1**　依基本制皂方法将皂液打好，加入精油。（此锅使用水 A=245 g）

step **2**　精油搅匀后，将皂液分别倒入两锅。

step **3**　其中一锅加入无糖可可粉，搅拌均匀。

step 1

step 2

step 3

step **4**　再准备两杯各 50 g 纯净水 (水 B：共 100 g)，其中一杯倒入添加无糖可可粉的皂液中。

step **5**　搅拌均匀并打 5~10 分钟，皂液会因为加水而加快 trace 速度。

step **6**　搅拌到 trace 状态之后，将皂液倒入皂模并整理皂液表面高度。

step **7**　可敲一敲皂模使皂液表面平整。

step **8**　静置 10 分钟使皂液凝结。可抬高皂模一侧，测试皂液是否流动，若是不流动即可准备制作下一层皂液。

step **9**　第一层的可可皂液凝结后，可将另一杯 50 g 的纯净水倒入第二口锅中搅拌均匀。

step **10**　搅拌至 light trace 状态即可，无须太稠，以免不好倒出。

step **11**　利用刮刀将第二锅皂液慢慢倒在可可皂液上，直到整锅倒完。

step 4

step 5

step 6

step 7

step 8

step 9

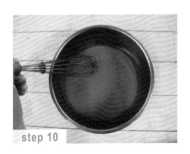
step 10

step 11

step **12**　敲一敲皂模外壁，使皂液表面平整，保温两天。

step **13**　两天后脱模，切成块状，也可用修皂器将皂表面修平整。准备雕花。

step 12

step 13-1

step 13-2

天使妈妈的小教室

第一层皂液需要凝结，这样倒入第二层时才不会与第一层混在一起。
倒第二层皂液时利用刮刀形成阻力，以免一下子倒太猛破坏了第一层的皂液。
让皂液平整的方法就是轻敲皂模，还可将多余的空气敲出来！

❀ 刻花技巧

step **1**　先备雕刻刀，这里使用的是丸刀，只要刀片是弯状的刀即可，一般文具店都可以买到。

step **2**　将修下来的皂边收集起来搓揉成一个约红豆大小的小皂球。

step **3**　准备一小杯水，将皂表面中间轻轻沾湿，放上小皂球并轻轻按压使二者黏合。

step **4**　以小皂球为中心，用丸刀由上往下刻出花瓣。

step 1

step 2

step 3

step 4

step **5**　以小皂球为中心依序雕刻，刻出花朵形状。

step **6**　完成第一圈后，从两个花瓣间入手继续刻第二圈花瓣，再以同样方式刻第三圈。

step **7**　刻好花形后，可用手指头轻轻按压使皂花平顺，以免皂花干燥之后翘太高而断裂。

step **8**　如向日葵般的皂花即完成。

step 5

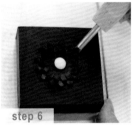
step 6

step 7

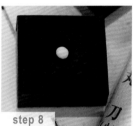
step 8

天使妈妈的小教室

[刻向日葵的小技巧]

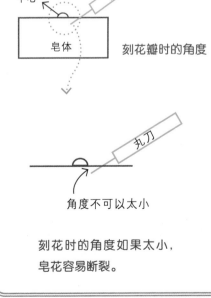

中心

丸刀

皂体　　刻花瓣时的角度

丸刀

角度不可以太小

刻花时的角度如果太小，
皂花容易断裂。

Part 5

创意点心皂

制作点心皂的三大要素

点心皂的制作少不了奶油皂液袋、蛋糕基底，以及可塑性极强、可用来制作装饰花朵的皂土，只要学会了这三大要素，就能随心所欲做出不同花样的点心皂了。

1 奶油皂液袋

挤皂液是件很好玩的事，不同的花嘴可挤出不同的线条、花边等装饰，只要搞定这个，就能做出不同风格、不同造型的点心皂。（注：本书均使用裱花袋盛装皂液，装有皂液的裱花袋称为皂液袋。）

制作方法

step 1　制作基础皂液。先将配方中的油与碱称好，并完成打皂。

step 2　在钢杯上放裱花袋分装皂液，一份不要超过 100 g，太多的话，挤皂液时会较吃力，如要调色可在分装时添加色粉。

step 3　分装好皂液之后，将裱花袋口打结以免皂液流出。

step 4　再取一只裱花袋，将花嘴放在袋内尖角处并用剪刀剪一个口，使花嘴的头完整露出来。

step 5　如图，备好花嘴袋与皂液袋。

step 6　在皂液袋尖角处剪一个 1 cm 左右的开口。

step 7　将皂液袋放进置有花嘴的裱花袋里。

step 8　奶油皂液袋准备好了。

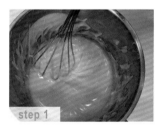
step 1

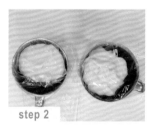
step 2

step 3

step 4

step 5

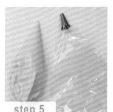
step 5

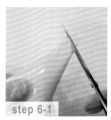
step 6-1

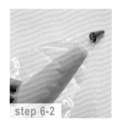
step 6-2

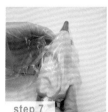
step 7

step 8

2 蛋糕基底

利用模具塑造不同款式与尺寸的基底，它们就像画布一样可任由发挥，搭配以皂花与皂土，就是非常讨喜的点心皂啰。

👉 制作方法

step 1　先制作基础皂液。将配方中的油与碱称好后，油碱混合，打皂。

step 2　稍微搅拌后即可加入添加物，天然粉状物通常颗粒较大需过筛，这里用的是巧克力粉。

step 3　接着，添加精油，将皂液打至 trace 状态后，皂液完成。

step 4　将皂液倒入模具，再放入保温箱中保温。

 step 1
 step 2
 step 3
 step 4

3 皂土

能捏能塑形的皂土是制作花朵与装饰的不可或缺的材料，配方简单却有很稳定的质地，在捏塑的过程中可自行添加色粉，打造颜色多变的有色皂土。可放入塑料袋封口保存，要用时将皂土搓揉到软化即可。
(制作过程参考 p.123)

🥛 准备原料

A 油脂	重量 (g)	比例 (%)	备注
椰子油	150	30	
棕榈油	125	25	
橄榄油	225	45	
总油量	500	100	

B 碱水	重量 (g)	备注
氢氧化钠	75	
水	180	为碱量的 2.4 倍

C 添加物	重量 (g)	备注
薰衣草精油	10	

D 手工皂特性	☆ ☆ ☆ ☆ ☆
清洁力 Cleansing	★ ★ ★ ★ ☆
起泡度 Bubbly	★ ★ ☆ ☆ ☆
保湿力 Condition	★ ★ ★ ☆ ☆
稳定度 Creamy	★ ★ ☆ ☆ ☆
硬度 Hardness	★ ★ ★ ★ ★

【天使妈妈小提醒】
如果天然色粉很难搅散，可以在称好配方油后，未加入碱液之前，先将粉加入油里，等色粉均匀散开后再加入碱液，如果多浸泡一会儿，会更加显色哟！

挤皂花的基本手法

每次站在冰淇淋机前，我都有一种冲动，想要自己挤挤看。挤像奶油一样的皂液真的是一件很好玩的事，随着力道、角度的变化，会产生不同的线条与大小。动手玩玩看吧，准备一个塑料片或档案夹。练习的过程中挤得不好看或失败了，就把皂液刮回去，再继续练习，直到满意为止。挤出来的花可以直接放入保温箱中保温一天，再根据晾皂时间，一颗一颗地收起来，拿来作装饰或直接用都不错！

1 圆点手法

★手的握法：垂直点下，再轻拉起。
★手的角度：90°。

垂直点下，皂液呈丸状，慢慢拉起来。也可以挤大一点的试试！

试试不同的花嘴，在收尾时，让手稍微倾斜些，把花嘴拉起来之前，先轻轻压一下，这样图案就会出现不同的层次，练习一下吧！

2 侧拉手法

★手的握法：把直点式的手法变成倾斜式的手法。

★手的角度：倾斜60°。

用手抓好皂液袋后，先斜点式地挤出皂液，再沿皂边慢慢往后拉。

3 绕圈手法

★手的握法：垂直点下，绕圈后再轻拉起。

★手的角度：90°。

 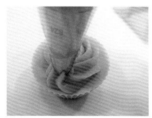 

以垂直角度先挤出皂液，再以顺时针或逆时针方向转动，转完一圈后提起。
第二层由同一个中心点开始，以同样的方式挤皂液并绕一圈。

海芋蛋糕
艺术皂

有着含羞带娇之姿的春天的海芋，因其外形简单却又花姿优雅很受欢迎，
也是入门必学的花型。就让轻柔又有型的海芋装点我们的生活吧！

准备原料

A 油脂	重量 (g)	比例 (%)	备注
椰子油	150	30	
棕榈油	125	25	
橄榄油	225	45	
总油量	500	100	

B 碱水	重量 (g)	备注
氢氧化钠	75	
水	180	为碱量的 2.4 倍

C 添加物	重量 (g)	备注
薰衣草精油	10	精油添加量可自行斟酌，约为总油量的 2%

D 手工皂特性	☆ ☆ ☆ ☆ ☆
清洁力 Cleansing	★ ★ ★ ★ ☆
起泡度 Bubbly	★ ★ ☆ ☆ ☆
保湿力 Condition	★ ★ ★ ☆ ☆
稳定度 Creamy	★ ★ ★ ☆ ☆
硬度 Hardness	★ ★ ★ ★ ★
INS 值	162.7

【准备工具】

- 圆形蛋糕模
- 擀面杖
- 制作海芋的工具为一个心形切割模具与一个圆锥形模具

制皂方法

第一阶段：制作皂土

step 1　先将配方中的油与碱称好，打好基础皂液，如要调色可在这一步骤添加色粉。

step 2　在钢杯内放裱花袋，将基础皂液分装好后，将袋口打结，一份不要超过 100 g，放入保温箱保温。

step 3　凝固的皂液就是皂土，用时从裱花袋取出用力捏软，因为水分尚未完全蒸发，会有点粘手，但是无碍。

step 4　捏软之后，将皂土放入自封袋保存，避免水分蒸发，并尽快使用完毕。

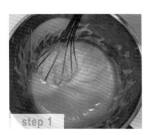

step 1

step 2

step 3

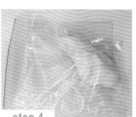

step 4

第二阶段：制作蛋糕基底与花朵主体

step **5**　先将配方中的油与碱称好，打好基础皂液，入模保温一天后脱模，完成基底。

step **6**　取少量皂土，搓成圆形后放在硅胶垫上并盖上保鲜膜。

step **7**　用擀面杖将皂土擀平，厚约 0.1 cm，然后揭掉保鲜膜。

step **8**　用心形切割模具在皂土薄片上压出心形。

step **9**　将多余的皂土收集起来，放入自封袋中保存，以免水分蒸发。

step **10**　将心形皂片的边捏出弧度，使花边线条柔和。

step **11**　将捏好花边的心形皂片置于掌心。

step **12**　以圆锥形模具作辅助，将心形皂片卷成圆锥状。

step **13**　将圆锥形模具轻轻取出，以免花朵变形。共需做出 17 朵。

step **14**　将制作好的海芋沿蛋糕基底边缘摆放。

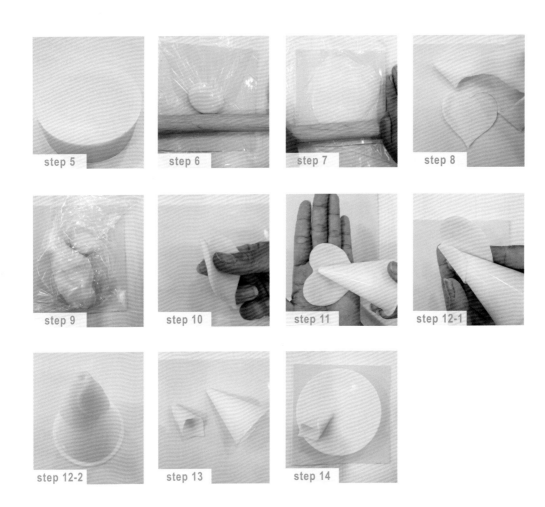

step **15**　将花瓣的尖角沿蛋糕基底边缘顺势向下弯折。

step **16**　依序完成第一层约 10 朵海芋的摆放。

step **17**　接着用手指蘸水，将海芋一朵一朵粘在蛋糕基底上。

step **18**　完成第一层的黏合后，在两朵花之间放新的花，继续粘第二层。并依花朵之间的
　　　　　空隙制作较小的花。

step **19**　取一点皂土放入裱花袋中并加入些许水，将袋口打结后搓揉皂土，直到皂与水均
　　　　　匀融合，以作黏合剂使用。

step **20**　将黏合用的皂土挤在第二层海芋中间，固定它们。

step **21**　将最后一朵小海芋放置在蛋糕中间，海芋主体部分即完成。

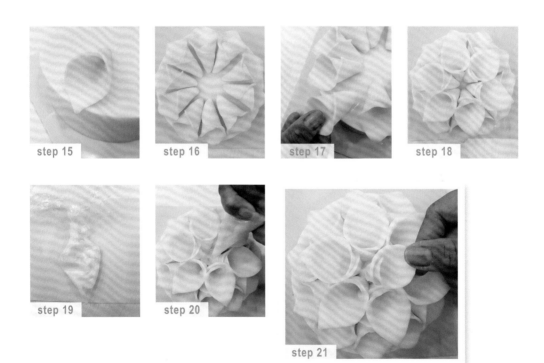

step 15　　step 16　　step 17　　step 18

step 19　　step 20　　step 21

第三阶段：制作花蕊

step 22　取少量皂土，可添加少许黄色色粉揉匀，用来制作海芋的花蕊。

step 23　将黄色皂土搓成长条形，再取适当大小，一朵海芋内放一条。

step 24　用水将花蕊粘在花瓣上。海芋花朵之间则用加水的皂土黏合。

step 25　在蛋糕基底上绑喜欢的缎带即完成。

step 22-1

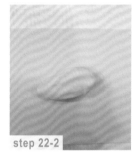
step 22-2

step 23

step 24

step 25

天使妈妈的小教室

皂土制作好后，建议放置一周到一个月再使用，以降低碱度，捏皂土时不伤手。制作皂土时可以使用自己喜爱的配方，如果没有裱花袋也可以使用一般的透明塑料袋，不过不建议一次做太多，以免没有使用完的部分因水分蒸发而变硬。（这里使用的蛋糕基底直径 11 cm）
此皂不需要保温，只需等待水分自然蒸发即可。

快乐小蜜蜂
杯子皂

花园里忙碌辛劳的小蜜蜂最爱"拈花惹草"。圆滚滚的身材加上小小的翅膀和尖尖的小尾巴，让小蜜蜂在花朵中更显可爱。

🖐 制皂方法

第一阶段：制作小蜜蜂（利用剩余的皂制作皂土）

step **1**　将黄色与巧克力色的皂的剩余部分收集起来，用力搓成团后，可当皂土使用。

step **2**　将黄色皂土揉搓成椭圆形，做小蜜蜂的身体。

step **3**　将巧克力色皂土搓成长条形，共搓数条。

step **4**　在身体上沾点水，将两条巧克力色的长条形皂土粘在身体上。

step **5**　用大头针在身体尾部戳个小洞。

step **6**　用巧克力色皂土制作小尾巴，并蘸水粘在洞内。

step **7**　搓2颗小圆球当眼睛，再捏水滴状的翅膀。

step **8**　在眼睛和翅膀上沾水，粘到身体上，小蜜蜂即完成。

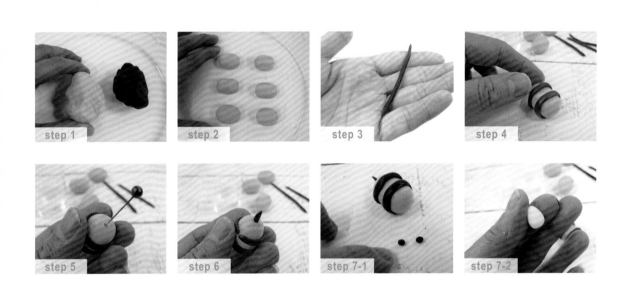

step 1　step 2　step 3　step 4
step 5　step 6　step 7-1　step 7-2

📷 **天使妈妈的小教室**

有时候在修整手工皂时会剩余一些皂边或者皂屑，趁水分
还没蒸发时，将它们收集起来搓成团，可当皂土使用哟！

第二阶段：制作花朵

step 9　取少量皂土，揉成圆形后放于硅胶垫上。铺上保鲜膜，用擀面杖将皂土擀成约
　　　　0.1 cm 厚。

step 10　使用花形切割模具切一大一小两个花朵形皂片。

step 11　以紫色皂土捏成小圆点在小花形皂片的花瓣处作装饰。

step 12　将小花形皂片置于掌心，压出弧度备用。

step 13　取些许皂土，放入裱花袋中并加入适量水，将袋口打结后进行搓揉，直到皂与水
　　　　均匀融合，作黏合剂使用。（做法请参考海芋蛋糕部分）

step 14　在杯子蛋糕基底上挤黏合剂。

step 15　放上大花形皂片，并将超出杯子蛋糕基底的部分往下折。

step 16　在大花形皂片上粘紫色小圆点皂土作装饰。

step 17　在大花形皂片上挤黏合剂。

step 18　粘上小花形皂片，再挤黏合剂。

step 19　摆上小蜜蜂即完成。

珍珠玫瑰
蛋糕皂

新手入门的杯子蛋糕，用来练习挤皂液的效果非常好，由外向内，一颗颗浑圆饱满的水滴形"珍珠"衬托出手捏玫瑰花的优美。

📋 准备原料

A 油脂	重量 (g)	比例 (%)	备注
椰子油	100	20	
棕榈油	125	25	
橄榄油	175	35	
植物起酥油	50	10	
米糠油	50	10	
总油量	**500**	**100**	

B 碱水	重量 (g)	备注
氢氧化钠	73	
水	170	约为碱量的 2.4 倍

D 手工皂特性	☆ ☆ ☆ ☆ ☆
清洁力 Cleansing	★ ★ ★ ☆ ☆
起泡度 Bubbly	★ ★ ★ ★ ☆
保湿力 Condition	★ ★ ★ ☆ ☆
稳定度 Creamy	★ ★ ★ ☆ ☆
硬度 Hardness	★ ★ ★ ★ ☆
INS 值	**148.1**

C 添加物	重量 (g)	备注
玫瑰天竺葵精油	8	精油添加量可自行斟酌，约为总油量的 2%
巧克力粉	25	制作杯子蛋糕基底时添加
粉红色色粉	0.25	挤皂花时添加

【准备工具】

● 12 号花嘴

👐 制皂方法

第一阶段：制作蛋糕皂主体

step **1** 先制作杯子蛋糕基底。（做法请参考 p.119）

step **2** 捏好适当大小的玫瑰花皂备用。（做法请参考 p.132 手捏玫瑰花皂部分）

第二阶段：用皂液做装饰

step **3** 称好材料，制作奶油皂液袋。搭配 12 号花嘴。（做法请参考 p.118）

step **4** 准备好基底，手拿奶油皂液袋约倾斜 45° 由外向内挤皂，将尾巴向内收，挤出一颗水滴状的珍珠皂花。

step **5** 依序挤出第一层珍珠皂花。

step 3

step 4

step 5

step **6**　挤第二层珍珠皂花之前，先用皂液将中间的空洞填满。

step **7**　与第一层做法相同并挤满一圈珍珠皂花。

step **8**　第三层珍珠皂花的做法与第二层相同。

step **9**　完成三层皂花后将准备好的玫瑰花放在中间。之后，放入保温箱保温。

step 6

step 7

step 8-1

step 8-2

step 9

天使妈妈的小教室

这款挤花皂可以运用不同型号的花嘴制作出大小不同的珍珠皂花，让层次更丰富、更有趣味，就算不放玫瑰花也非常漂亮，也可进行颜色交叉的设计，效果也很别致。

手捏玫瑰花皂　利用圆形皂片简单堆叠出玫瑰花。即使不用花嘴，也依然能让玫瑰花朵朵盛开。

A 款——速成玫瑰花：

step **1**　取大小均匀的 6 块皂土，揉成小球后捏成薄片，做玫瑰花瓣，两种颜色交错放置。

step **2**　将花瓣由左至右叠放，像卷蛋卷那样由左卷至右。

step **3**　卷成一朵玫瑰花。卷好之后将花朵下部捏紧。

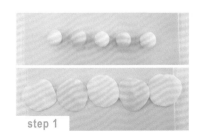
step 1

step 2

step 3

step 4　使花瓣更加牢固后，将花朵下方多余的部分剪掉。

step 5　可爱的玫瑰花完成。

B 款——简易玫瑰花：

step 1　同样取 6 块皂土揉成小球，先取第一颗捏成薄片，做玫瑰花瓣。

step 2　将第一片花瓣像卷蛋卷一样由左至右卷起，做玫瑰花心。

step 3　将第二颗小球制成第二片花瓣，再将花心置于花瓣的 1/3 处。

step 4　将花心包覆起来。

step 5　花瓣与花心粘紧之后，将花瓣边缘向外翻出自然的弧度。

step 6　接下来取第三颗小球制作第三片玫瑰花瓣，与第二片同高并稍有重叠。固定好花瓣。

step 7　粘紧之后将第三片花瓣边缘向外翻出自然的弧度。

step 8　依照相同做法依序完成所有花瓣。

step 9　将花朵底部捏紧使花瓣更加牢固后，剪掉多余的部分即完成。

爱的心情
点心皂

将双色皂土混合后，填入家里用不到的烤盘中塑形，
再挤上满满的皂液当夹心，也丰满了皂体，最后别
忘了在表面做点缀哟！

准备原料

A 油脂	重量 (g)	比例 (%)	备注
椰子油	100	20	
棕榈油	125	25	
橄榄油	175	35	
植物起酥油	100	20	
总油量	500	100	

B 碱水	重量 (g)	备注
氢氧化钠	73	
水	175	约为碱量的 2.4 倍

C 添加物	重量 (g)	备注
薰衣草精油	8	精油添加量可自行斟酌，约为总油量的2%
绿茶粉	0.25	

D 手工皂特性	☆ ☆ ☆ ☆ ☆
清洁力 Cleansing	★ ★ ☆ ☆ ☆
起泡度 Bubbly	★ ★ ☆ ☆ ☆
保湿力 Condition	★ ★ ★ ☆ ☆
稳定度 Creamy	★ ★ ★ ★ ☆
硬度 Hardness	★ ★ ★ ★ ★
INS 值	156.2

【准备工具】

● 12 号花嘴 /2 号花嘴
● 爱心造型烤盘

制皂方法

第一阶段：制作点心皂主体

step 1　依配方制作皂土，完成后，先取一部分备用 (请参考 p.123)，剩余部分加入绿茶粉揉匀备用。

step 2　取少许白色皂土与一点绿色皂土混合搓圆，两色不要刻意揉太匀。(皂土分量请依照烤盘大小决定，这里大约是 40 g)

step 3　准备好爱心造型烤盘，并在烤盘上铺一层保鲜膜固定好。

step 1

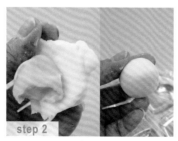
step 2

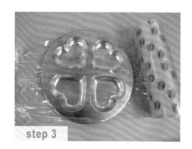
step 3

step **4**　将揉好的皂土球放在铺好保鲜膜的烤盘上。依照爱心造型压皂。

step **5**　将皂轻轻取出来。

step **6**　一块心形夹心点心皂需要两片爱心皂片。

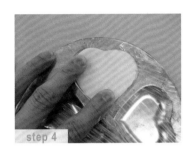  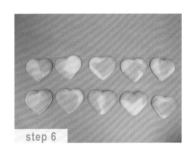

第二阶段：制作夹层

step **7**　依配方完成奶油皂液袋的制作，搭配 12 号花嘴。（做法请参考 p.118）

step **8**　准备一片皂片，手拿皂液袋倾斜 45° 由外向内挤皂花，往皂片中心收尾。挤出水滴
状的珍珠皂花。

step **9**　依序挤出一圈珍珠皂花并将中间的空处填满。

step **10**　将另一片皂片对准挤好皂花的皂片贴上即可。

step **11**　将剩余皂液取少许放入小钢杯里，加入一小匙绿茶粉搅拌均匀。

step **12**　装入裱花袋并搭配 2 号花嘴，以挤小水滴的方法挤几颗小爱心，即完成装饰。

step 10

step 11

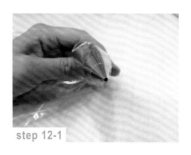

step 12-1

step 12-2

【天使妈妈小提醒】

* 如果烤盘上的造型孔不够，可以用皂土直接制作爱心皂片，这样没有烤盘也可以快速做出数量多的造型皂，且烤盘必须硬才好操作。

* 此款皂添加的绿茶粉会随时间流逝而褪色！如果担心褪色问题，可以添加皂用色粉！

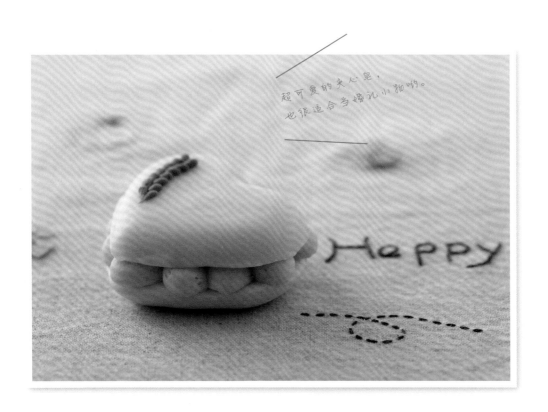

超可爱的夹心皂，也很适合当婚礼小物唷。

奶油蝴蝶
杯子蛋糕皂

用冰淇淋甜筒的挤绕法制皂，让视觉拥有双重享受。创意的想法，色彩的搭配以及力度的拿捏，都是很有趣的事，不用担心挤得不好看，最后的蝴蝶结会让一切都完美。

🥛 准备原料

A 油脂	重量 (g)	比例 (%)	备注
椰子油	75	15	
棕榈油	125	25	
澳洲胡桃油	200	40	
蓖麻油	35	7	
米糠油	65	13	
总油量	500	100	

B 碱水	重量 (g)	备注
氢氧化钠	72	
水	170	约为碱量的 2.4 倍

D 手工皂特性	☆ ☆ ☆ ☆ ☆
清洁力 Cleansing	★ ☆ ☆ ☆ ☆
起泡度 Bubbly	★ ★ ☆ ☆ ☆
保湿力 Condition	★ ★ ★ ★ ☆
稳定度 Creamy	★ ★ ★ ☆ ☆
硬度 Hardness	★ ★ ★ ☆ ☆
INS 值	138.3

C 添加物	重量 (g)	备注
柠檬香茅精油	5	精油添加量可自行斟酌，约为总油量的 2%
香蜂草精油	5	
巧克力粉	25	制作杯子蛋糕基底时添加
群青粉	1	挤皂花时添加
绿色矿泥粉	3	挤皂花时添加

【准备工具】

● 824 花嘴

🖐 制皂方法

第一阶段：制作杯子蛋糕基底

step 1　先制作杯子蛋糕基底并添加巧克力粉。（做法请参考 p.119）

第二阶段：制作蝴蝶结

step 2　先准备好皂土。（做法请参考 p.123)

step 3　取出一小块皂土揉成圆形后，放在硅胶垫上并覆以保鲜膜，再用擀面杖将其擀成薄片。

step 3-1

step 3-2

step **4**　将粘在保鲜膜上的薄皂片轻轻取下。

step **5**　用剪刀剪出制作蝴蝶结所需的缎带形皂片。如图所示。

step **6**　先制作蝴蝶结两侧的环，将较宽的长形皂片对折。

step **7**　保持对折的同时，将结合处两端往中间捏合。

step **8**　完成蝴蝶结两侧的环。

step **9**　接着再将较细的长形皂片从两环中间绕一圈。剩余两片皂片用水粘在两环下方，
　　　　蝴蝶结即完成。制作数个备用。

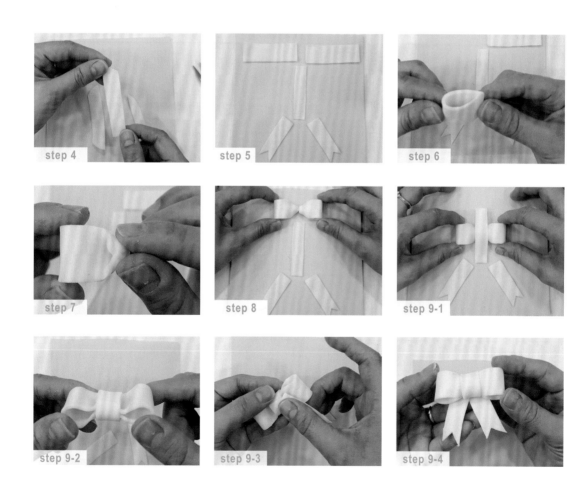

第三阶段：制作奶油皂液袋，完成杯子蛋糕皂

step **10**　称好材料制作皂液。在钢杯内套入裱花袋，再装入皂液。（做法请参考 p.118）

step **11**　奶油皂液一包添加群青粉，一包添加绿色矿泥粉，一包使用原色。

step **12**　另取一只钢杯，内置裱花袋，并将三色皂液分别挤入袋子中。

step **13**　之后将袋口打结，尖端处剪约 1.5 cm 的开口，放入准备好花嘴的裱花袋中。

step **14**　准备好基底，手拿奶油皂液袋，花嘴角度必须与基底垂直，由中心处向外绕圈。

step **15**　由第一层中心处开始，第二层皂液也向外绕圈，第二层比第一层略小一点。

step **16**　将蝴蝶结放上即完成。放入保温箱保温一天。

step 10-1

step 10-2

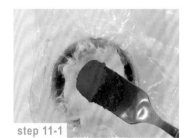
step 11-1

step 11-2

step 12

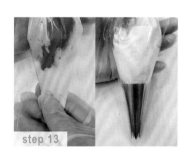
step 13

step 14

step 15

step 16

奶油夹心饼干皂

大量的奶油能治愈心情，利用圆形花嘴挤出饱满的奶油状皂块夹在厚实的饼干皂片里，那甜甜的滋味就要溢出来了。最后一层奶油皂液是完美的收尾，可别忘了加点缀哟！

🥛 准备原料

A 油脂	重量 (g)	比例 (%)	备注
椰子油	75	15	
棕榈油	75	15	
橄榄油	250	50	
可可脂	100	20	
总油量	**500**	**100**	

B 碱水	重量 (g)	备注
氢氧化钠	71	
水	170	约为碱量的 2.4 倍

D 手工皂特性	☆ ☆ ☆ ☆ ☆
清洁力 Cleansing	★ ☆ ☆ ☆ ☆
起泡度 Bubbly	★ ☆ ☆ ☆ ☆
保湿力 Condition	★ ★ ★ ★ ★
稳定度 Creamy	★ ★ ★ ★ ☆
硬度 Hardness	★ ★ ★ ★ ☆
INS 值	**146.4**

C 添加物	重量 (g)	备注
依兰依兰精油	2	精油添加量可自行斟酌，约为总油量的2%
马鞭草精油	8	
巧克力粉	10	制作饼干时添加
紫色色粉	0.25	制作饼干时添加
绿色色粉	0.25	制作饼干时添加

【准备工具】
- 12 号花嘴
- 裱花袋
- 3 只量杯

✋ 制皂方法

第一阶段：制作 3 色夹层饼干

step **1** 依基本打皂法将皂液打到 light trace 状态后，调入精油。

step **2** 调色。取 3 只量杯，分别倒入少许皂液，依设定调 3 种颜色。将调成巧克力色的那杯皂液倒入一个皂模，制作巧克力薄皂片。

step **3** 另两杯为绿色皂液与紫色皂液。

step 1

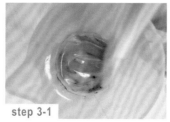
step 3-1

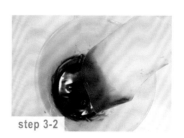
step 3-2

step **4**　紫色皂液先用电动搅拌器稍微打一下，可加速皂液凝固。将其倒入另一个皂模，静置10~15 分钟，待皂体变硬。

step **5**　如紫色皂体变硬，第二层倒入绿色皂液，记得一定要用刮刀让皂液慢慢流入皂模，否则会破坏第一层的平整度。

step **6**　完成后将两个皂模放入保温箱内保温一天。

step **7**　将夹心饼干的饼干部分取出，平均切成约 6 cm 宽的皂片。

第二阶段：制作夹心，完成夹心饼干

step **8**　再打一锅用来挤花的基础皂液。称好材料，依基本打皂法将皂液打到 light trace 状态，调入精油。

step **9**　准备 12 号花嘴与两个裱花袋，一个装入皂液后封口，并将皂液往前挤，后面开口处绑好，以免挤时皂液乱跑。另一个则内置花嘴。

step **10**　将皂液袋套入花嘴袋内。

step **11**　手握在袋子尾端，挤时，花嘴请垂直往上提起。

step **12**　6 cm 宽旳饼干上，一排可挤 4 颗奶油球。

step **13**　依序将饼干挤满奶油球后，盖上巧克力色皂片。

step **14**　按照 step12 的方法再依序在巧克力色皂片上挤满奶油球。

step **15** 　将剩余的皂液调成紫色，在裱花袋尖角处剪一个小洞。

step **16** 　在奶油球上挤可爱的紫色小圆球当装饰。

step **17** 　还可放上绿叶（使用皂土制作）！完成后，入模保温。

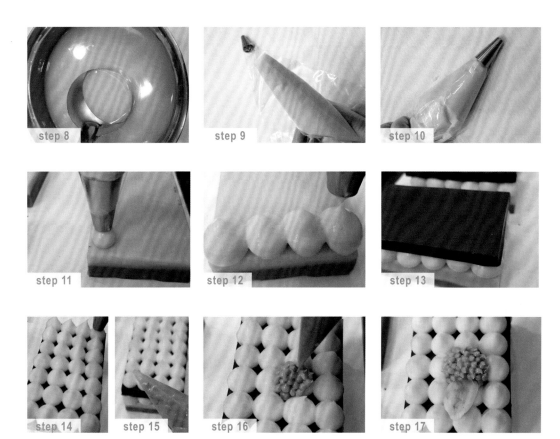

天使妈妈的小教室

量杯内装入少许皂液再加入色粉调色，这样的好处是色彩容易调匀，且不容易使色粉结块留下颗粒。搅匀后，再倒入所需皂液的剩余部分。例如，我们需要 50 mL 的巧克力色皂液，可先取 10 mL 皂液来调和色粉，调好后再调入剩余的 40 mL 皂液。

皂的主体部分放入保温箱内保温 2 天再取出，太早取出会容易使皂产生白粉。

千层卷花
点心皂

结合分层次、填充、挤花等技法，让制皂就像玩组合般容易驾驭。还可以尝试以不同的色彩创造属于自己的千层卷花点心皂。

📋 准备原料

A 油脂	重量 (g)	比例 (%)	备注
椰子油	75	15	
棕榈油	100	20	
橄榄油	240	48	
蓖麻油	35	7	
米糠油	50	10	
总油量	500	100	

B 碱水	重量 (g)	备注
氢氧化钠	70	
水	170	约为碱量的 2.4 倍

D 手工皂特性	☆☆☆☆☆
清洁力 Cleansing	★☆☆☆☆
起泡度 Bubbly	★★☆☆☆
保湿力 Condition	★★★★☆
稳定度 Creamy	★★★☆☆
硬度 Hardness	★★★☆☆
INS 值	133.7

C 添加物	重量 (g)	备注
巧克力粉	25	500 g 油添加 25 g 巧克力粉
群青粉	10	500 g 油添加 10 g 群青粉
红曲粉	10	500 g 油添加 10 g 红曲粉
迷迭香精油	3	这里指 500 g 油的精油添加量
葡萄柚精油	5	
罗勒精油	2	

【准备工具】
1. 先用两根筷子与钢丝或者琴弦，如图制作简易的切皂器
2. 准备约 0.5 cm 厚的瓦楞纸板，宽度以可放入皂模为宜，用来垫高制作好的皂
3. 准备毛刷和水
4. 修皂器
5. 22 号花嘴

✋ 制皂方法

第一阶段：制作点心皂的主体

step 1　依配方先完成基础打皂（参考基础打皂步骤），分成 3 份，分别添加巧克力粉、群青粉与红曲粉。脱模后放置约一天让水分稍微蒸发，备用。

step 2　在皂模内垫入瓦楞纸板。将皂垫高后，用切皂器沿模边切下皂片。每切下一片皂片，就要多放入一片瓦楞纸板，再进行切片。

step **3**　将每种颜色的皂各切 4 片，可依序叠起来以免黏合时出错。

step **4**　用毛刷蘸水在皂片的表面均匀涂抹。

step **5**　涂一层粘一层，依序将皂片粘好后，静置不动。

step **6**　确认皂片不会移动后，可利用修皂器将周边不齐的部分修整齐。

step 1

step 2

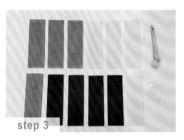
step 3

step 4

step 5-1

step 5-2

step 6

第二阶段：制作夹心

step **7**　制作少量皂土。（做法请参考 p.123）

step **8**　将皂土搓成长条状，共搓数条，放在保鲜膜上。

step **9**　用毛刷蘸少量备长炭粉，刷在皂条上。

step **10**　使整个皂条均匀裹上薄薄一层备长炭粉。

step 7

step 8

step 9

step 10

第三阶段：装饰与完成

step **11** 制作奶油皂液袋。（参考 p.118）

step **12** 在先前制作好的千层皂上，挤上直条式的薄薄的皂液。

step **13** 放上备长炭皂条（边放边挤皂液）。

step **14** 边放置备长炭皂条，边挤皂液，直到均匀放完所有皂条后用刮刀将皂液刮平整。

step **15** 以绕圈手法挤上皂液作装饰。放入保温箱保温一天后，即可脱模切皂。

step 11

step 12

step 13-1

step 13-2

step 14

step 15-1

step 15-2

挤上满满的"奶油馅"，
形成一种美丽的花纹！

甜在心扉
点心皂

为婚礼特别制作的小点心皂，充满了期待的心意。除了富有层次的皂体外，表面淋下的皂和卷曲的巧克力片展露出制皂者的巧思，让这份甜可以甜到心坎里。

🫗 准备原料

A 油脂	重量 (g)	比例 (%)	备注
椰子油	100	20	
棕榈油	125	25	
橄榄油	240	48	
蓖麻油	35	7	
总油量	500	100	

B 碱水	重量 (g)	备注
氢氧化钠	72	
水	175	约为碱量的 2.4 倍

C 添加物	重量 (g)	备注
巧克力粉	25	500 g 油添加 25 g 巧克力粉
红曲粉	10	500 g 油添加 10 g 红曲粉
迷迭香精油	3	精油添加量可自行斟酌，约为总油量的 2%
葡萄柚精油	5	
罗勒精油	2	

D 手工皂特性	☆☆☆☆☆
清洁力 Cleansing	★★☆☆☆
起泡度 Bubbly	★★☆☆☆
保湿力 Condition	★★★☆☆
稳定度 Creamy	★★★★☆
硬度 Hardness	★★★★☆
INS 值	146.8

✋ 制皂方法

第一阶段：制作点心皂主体

step 1　先完成基础皂液，分成两份后分别添加巧克力粉与红曲粉，脱模后放置约一天让水分稍稍蒸发，备用。

step 2　制作薄皂片并将它们黏合起来（皂体高度可以自行决定），修整皂边。（参考千层卷花点心皂）

step 3　使用切皂器将皂切成 4 cm×5 cm 的块状。

step 4　取少许皂土，并加入少许红曲粉揉匀。

step 2

step 3

step 4

step **5**　将红色皂土揉成小圆球，备用。

step **6**　取一块巧克力皂，用水果刀削下小薄片，卷好，备用。

第二阶段：装饰与完成

step **7**　称好材料，制作奶油皂液袋，并在奶油皂液袋尖端剪一个约 0.3 cm 的开口。（做法请参考 p.118)

step **8**　在 step3 切好的皂块上表面边沿轻轻挤上皂液。

step **9**　用手拿起皂轻轻上下晃动，使皂液缓缓流下。

step **10**　将皂块上表面填满皂液，并用小竹签将皂液整理平顺。

step **11**　依序完成装饰。

step **12**　将准备好的小圆球与巧克力卷皂片放上即完成。可放入保温箱中保温一天再取出晾皂。

多肉植物
杯子皂

颜色的变换能让点心皂拥有不同的质感，星形的
花嘴正好能做出带刺的多肉，点缀上盛开的小
花，也是别有一番趣味。

📖 准备原料

A 油脂	重量 (g)	比例 (%)	备注
椰子油	100	20	
棕榈油	125	25	
橄榄油	175	35	
植物起酥油	50	10	
米糠油	50	10	
总油量	500	100	

B 碱水	重量 (g)	备注
氢氧化钠	72	
水	175	约为碱量的 2.4 倍

D 手工皂特性	☆ ☆ ☆ ☆ ☆
清洁力 Cleansing	★ ★ ★ ☆ ☆
起泡度 Bubbly	★ ★ ★ ★ ☆
保湿力 Condition	★ ★ ★ ☆ ☆
稳定度 Creamy	★ ★ ★ ☆ ☆
硬度 Hardness	★ ★ ★ ☆ ☆
INS 值	148.1

C 添加物	重量 (g)	备注
茶树精油	8	精油添加量可自行斟酌，约为总油量的2%
巧克力粉	25	制作杯子蛋糕基底时添加
绿色色粉	0.25	挤皂花时添加

【准备工具】
● 杯子模具
● 星形花嘴
● 裱花袋
● 3 只量杯

✋ 制皂方法

第一阶段：制作杯子蛋糕基底

step 1　在基础皂液中添加巧克力粉，制作杯子蛋糕基底。（做法请参考 p.119）

step 2　准备好皂土，备用。（做法请参考 p.123）

第二阶段：制作奶油皂液袋

step 3　打好基础皂液。（做法请参考 p.118）用量杯先分出 80~100 g 的原色皂液，其他皂液可调成绿色。

step **4**　取一个裱花袋装入原色皂液，尖端处剪一个约 1 cm 的洞，将袋口打结。

step **5**　将绿色皂液装入另一个裱花袋后绑紧袋口。

step **6**　在一个空的裱花袋中装入花嘴。

step **7**　将绿色皂液袋套入花嘴袋内。

step 4　　　step 5　　　step 6　　　step 7

第三阶段：制作多肉植物

step **8**　准备好杯子蛋糕基底，在基底中间部位先挤上原色皂液打底。

step **9**　沿着打底的皂液挤上一圈绿色小星。

step **10**　由下往上，挤上数圈绿色小星，完成杯子皂的多肉部分。

step 9-1　　　step 9-2　　　step 10-1　　　step 10-2

第四阶段：制作小花

step 11　制作多肉的小花。取一小坨皂土，搓成胖水滴状。将较粗一端交叉剪成均匀的4瓣。

step 12　将4瓣拨开，再稍加塑造，捏出花形。剪掉多余的花梗部分。

step 13　将皂花直接作装饰，并点上花蕊。

step 14　可在多肉上随意点上白色的装饰。

step 15　可爱的多肉植物杯子皂即完成。放入保温箱保温。

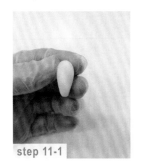
step 11-1

step 11-2

step 12

step 13-1

step 13-2

step 14

step 15

可爱讨喜的外形，
不管到哪都超受
欢迎。

小花提篮
杯子皂

装着满满祝福的小花提篮杯子皂，是手工皂礼品中很受欢迎的一款。利用星形花嘴将小花填满整个杯面，加上彩珠的点缀，再装上提把，将祝福提走！

📋 准备原料

A 油脂	重量 (g)	比例 (%)	备注
椰子油	100	20	
棕榈油	100	20	
橄榄油	175	35	
鳄梨油	75	15	
米糠油	50	10	
总油量	**500**	**100**	

B 碱水	重量 (g)	备注
氢氧化钠	72	
水	170	约为碱量的 2.4 倍

C 添加物	重量 (g)	备注
天竺葵精油	8	精油添加量可自行斟酌，约为总油量的 2%
巧克力粉	25	制作杯子蛋糕基底时添加
粉红色色粉	0.25	挤皂花时添加

D 手工皂特性	☆ ☆ ☆ ☆ ☆
清洁力 Cleansing	★★★☆☆
起泡度 Bubbly	★★★★☆
保湿力 Condition	★★★☆☆
稳定度 Creamy	★★★☆☆
硬度 Hardness	★★★★☆
INS 值	**140.6**

【准备工具】
● 杯子模具
● 星形花嘴
● 裱花袋
● 3 只量杯

✋ 制皂方法

第一阶段：制作杯子蛋糕基底

step **1**　在基础皂液中添加巧克力粉，制作杯子蛋糕基底。（做法请参考 p.119）

step **2**　准备好皂土，备用。（做法请参考 p.123 皂土制作部分）

第二阶段：制作双色奶油皂液袋

step **3**　依配方完成基础皂液。调出粉红色皂液后，与原色皂液分别装入裱花袋中，备用。每袋 80~100 g，袋口要打结。（做法参考 p.118）

step **4**　取一个裱花袋，先将粉红色皂液沿袋边挤入袋中。

step **5**　接着将原色皂液挤在袋子中间位置，之后，再将两色皂液一起往袋子前端挤。

step **6**　如图所示，袋口要打结，放入装有花嘴的裱花袋，双色奶油皂液袋完成。

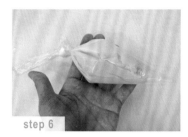

第三阶段：组合杯子皂

step **7**　准备好杯子蛋糕基底，在基底中间部位挤上原色奶油皂液打底。

step **8**　接着，用双色奶油皂液在基底上挤星状小花，直到挤满基底。

step **9**　用皂土加色粉制作出小球，并均匀放在小花上。

step **10**　用粉红色皂土搓出长条状皂条。利用工具将皂条折弯，做成提手。

step **11**　将提把放入小花中间即完成小花篮。放进保温箱保温。

天使妈妈的小教室

这款挤花皂可依杯子蛋糕基底的大小制作不同大小的花篮。
颜色也可因喜好做出改变，还可做不同的漂亮造型。

波堤
甜甜圈皂

一颗颗浑圆饱满的甜甜圈皂，淋上缤纷的"糖霜"，再点缀上相叠的爱心，油然生出温馨的幸福感，从视觉上打造出充满浓情蜜意的氛围。

🥛 准备原料

A　油脂	重量 (g)	比例 (%)	备注
椰子油	100	20	
棕榈油	125	25	
橄榄油	175	35	
杏核油	100	20	
总油量	500	100	

B　碱水	重量 (g)	备注
氢氧化钠	72	
水	170	约为碱的 2.4 倍

C　添加物	重量 (g)	备注
山鸡椒精油	8	精油添加量可自行斟酌，约为总油量的 2%
茶树精油	2	
蓝色色粉	0.25	制作糖霜皂液时添加
粉红色色粉	0.25	制作糖霜皂液时添加

D　手工皂特性	☆☆☆☆☆
清洁力 Cleansing	★★☆☆☆
起泡度 Bubbly	★★☆☆☆
保湿力 Condition	★★★★★
稳定度 Creamy	★★★★☆
硬度 Hardness	★★★★☆
INS 值	144.2

✍ 制皂方法

第一阶段：制作甜甜圈

step　1　称好配方中的材料后，完成皂土部分。（请参考 p.123 制作皂土）

step　2　皂土成形后，将其分割成每个 15 g 的小皂坨，备用。

step　3　将小皂坨揉成圆球。

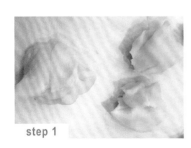
step 1

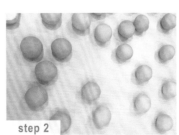
step 2

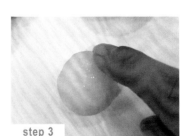
step 3

step **4**　　接下来，在圆球上抹水，连接圆球。

step **5**　　先将大部分圆球两两粘好。

step **6**　　再将两对粘在一起的圆球和一颗单独的圆球一起黏合。

step **7**　　将黏合好的甜甜圈放置在网架上，并在网架底下放上盘子。

第二阶段：调制糖霜皂液

step **8**　　制作基础皂液，并调入自己喜爱的色粉。（做法请参考 p.118）

step **9**　　使用汤匙取少许皂液淋在甜甜圈上，再用汤匙调整淋下来的皂液制造动态感。

step **10**　给甜甜圈涂皂液时，可将盘子整个拿起来轻敲几下。

step **11**　皂液会顺着敲的力道往下流动，甜甜圈上的皂液就会逐渐变得平整顺滑，此时多余的皂液也会流至盘子上。

step **12**　用剩余的皂液调色，制作两种颜色的奶油皂液袋，并在其尖角处剪约 0.2 cm 的开口。

step **13**　挤上小爱心图案。

step **14**　完成装饰后，即可放入保温箱保温。

step 12

step 13

step 14

天使妈妈的小教室

波堤甜甜圈皂上面淋的皂液必须浓稠，如果不够浓稠，淋下时皂液会流动太快并且皂上所覆盖的皂液会太薄。

可依个人喜好调整组合甜甜圈的圆球的数量和大小，会更有趣。

俏老鼠数字
杯子蛋糕皂

这一款结合数字模具做出来的杯子蛋糕皂，最适合用在生日派对或者值得纪念的日子里。幸福地数着1、2、3，那简单的装饰也能营造令人欢乐感动的气氛。

📋 准备原料

A 油脂	重量 (g)	比例 (%)	备注
椰子油	75	15	
棕榈油	100	20	
榛果油	200	40	
乳木果油	75	15	
芥花油	50	10	
总油量	500	100	

B 碱水	重量 (g)	备注
氢氧化钠	71	
水	170	约为碱量的 2.4 倍

D 手工皂特性	☆☆☆☆☆
清洁力 Cleansing	★☆☆☆☆
起泡度 Bubbly	★☆☆☆☆
保湿力 Condition	★★★★★
稳定度 Creamy	★★★★☆
硬度 Hardness	★★☆☆☆
INS 值	128.3

C 添加物	重量 (g)	备注
尤加利精油	4	精油添加量可自行斟酌，约为总油量的 2%
甜橙精油	4	
安息香精油	2	
巧克力粉	25	制作杯子蛋糕基底时添加
蓝色色粉	0.25	制作数字时添加

【准备工具】
- 数字模具
- 824 花嘴

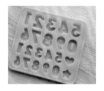

✋ 制皂方法

第一阶段：制作皂的主体部分

step 1　先完成添加巧克力粉的杯子蛋糕基底的制作。并以数字模具制作出数字皂备用。

（做法请参考 p.119）

step 2　利用皂模，制作出巧克力皂薄片。在制作杯子蛋糕皂前，可在皂模内倒入些巧克力皂液，保温一天。

step 1

step 2-1

step 2-2

step 3 从保温箱中取出皂片，稍稍晾干，利用圆形的小压模器压出所需的老鼠耳朵，备用。

step 3-1

step 3-2

step 3-3

第二阶段：制作奶油皂液袋，完成杯子蛋糕皂

step 4 依配方打皂并打至皂液呈浓稠状，做好皂液。调入喜爱的色粉后将皂液装入装有花嘴的裱花袋中。（做法请参考 p.118）

step 5 准备好基底，手拿奶油皂液袋，花嘴必须垂直于基底，由中心开始，往外绕圈。

step 6 一共挤两层，第二层皂液尾部往基底中心收，第二层比第一层略小一点。

step 7 依序将老鼠耳朵分别插在皂花的两侧。

step 8 再摆上数字皂作装饰，并放入保温箱保温一天。

step 4

step 5

step 6-1

step 6-2

step 7

step 8

植物性油脂的皂化价与 INS 值

油脂种类	英文名	氢氧化钠 /NaOH	氢氧化钾 /KOH	INS 值
椰子油	Coconut Oil	0.183	0.256	258
棕榈油	Palm Oil	0.141	0.1974	145
橄榄油	Olive Oil	0.134	0.1876	109
月桂果油	Laurel Berry Oil	0.135	0.19	80
葵花籽油	Sunflower Seed Oil	0.134	0.1876	63
芥花油	Canola Oil	0.1324	0.1856	56
葡萄籽油	Grapeseed Oil	0.1265	0.1771	66
芝麻油	Sesame Oil	0.133	0.1862	81
山茶花油 / 苦茶油	Camellia Oil	0.1362	0.191	108
荷荷巴油	Jojoba Oil	0.069	0.966	11
米糠油	Rice Bran Oil	0.128	0.1792	70
蓖麻油	Castor Oil	0.1286	0.18	95
甜杏仁油	Sweet Almond Oil	0.136	0.194	97
鳄梨油	Avocado Oil	0.1339	0.1875	99
小麦胚芽油	Wheatgerm Oil	0.131	0.1834	58
榛果油	Hazelnut Oil	0.1356	0.1898	94
澳洲胡桃油	Macadamia Oil	0.139	0.1946	119
夏威夷果油	Kukui Nut Oil	0.135	0.189	24
杏核油	Apricot Kernel Oil	0.135	0.189	91
月见草油	Evening Primrose Oil	0.1357	0.19	30
乳木果油	Shea Butter	0.128	0.1792	116
可可脂	Cocoa Butter	0.137	0.1918	157
花生油	Peanut Oil	0.136	0.1904	99
大豆油	Soybean Oil	0.135	0.189	61
蜂蜡	Beeswax	0.069	0.966	84
植物起酥油	Vegetable Shortening	0.136	0.1904	115
回锅油		0.14	0.196	

备案号：豫著许可备字-2018-A-0130

版权所有，翻印必究

中文简体版由绘虹企业授权于中国大陆地区出版发行

图书在版编目（CIP）数据

天使妈妈的创意幸福手工皂 / 天使妈妈著. —郑州：河南科学技术
出版社，2020.10

　　ISBN 978-7-5349-9999-4

　　Ⅰ.①天…　Ⅱ.①天…　Ⅲ.①香皂—手工艺品—制作　Ⅳ.①TS973.5

中国版本图书馆CIP数据核字（2020）第146954号

出版发行：河南科学技术出版社
　　　　　地址：郑州市郑东新区祥盛街27号　　邮编：450016
　　　　　电话：（0371）65737028　　65788613
　　　　　网址：www.hnstp.cn
策划编辑：刘　欣
责任编辑：刘淑文
责任校对：王晓红
封面设计：张　伟
责任印制：张艳芳
印　　刷：北京盛通印刷股份有限公司
经　　销：全国新华书店
开　　本：787 mm×1 092 mm　1/16　印张：10.5　字数：200千字
版　　次：2020年10月第1版　　2020年10月第1次印刷
定　　价：59.00元